Agile開発の光と影 | トップエスイー入門講座 2

アジャイル
イントロダクション

Agile! The Good, the Hype and the Ugly

シリーズ監修
国立情報学研究所
トップエスイープロジェクト
リーダー 本位田 真一

著者:Bertrand Meyer
監修:石川冬樹
訳者:土肥拓生・前澤悠太・末永 俊一郎

◆ 読者の皆さまへ ◆

平素より，小社の出版物をご愛読くださいまして，まことに有り難うございます．

㈱近代科学社は 1959 年の創立以来，微力ながら出版の立場から科学・工学の発展に寄与すべく尽力してきております．それも，ひとえに皆さまの温かいご支援があってのものと存じ，ここに衷心より御礼申し上げます．

なお，小社では，全出版物に対して HCD（人間中心設計）のコンセプトに基づき，そのユーザビリティを追求しております．本書を通じまして何かお気づきの事柄がございましたら，ぜひ以下の「お問合せ先」までご一報くださいますよう，お願いいたします．

お問合せ先：reader@kindaikagaku.co.jp

なお，本書の制作には，以下が各プロセスに関与いたしました：

- 企画：小山 透
- 編集：小山 透，高山哲司
- 組版：加藤文明社 (LaTeX)
- 印刷：加藤文明社
- 製本：加藤文明社 (PUR)
- 資材管理：加藤文明社
- カバー・表紙デザイン：tplot inc. 中沢岳志
- 広報宣伝・営業：山口幸治，東條風太

本書に記載されている会社名・製品名等は，一般に各社の登録商標または商標です．本文中の ©，®，™ 等の表示は省略しています．

Agile! The Good, the Hype and the Ugly

Copyright © Springer International Publishing Switzerland 2014
by Bertrand Meyer
Japanese translation rights arranged with Bertrand Meyer
through Japan UNI Agency, Inc.

- 本書の複製権・翻訳権・譲渡権は株式会社近代科学社が保有します．
- JCOPY 〈(社)出版者著作権管理機構 委託出版物〉
本書の無断複写は著作権法上での例外を除き禁じられています．
複写される場合は，そのつど事前に(社)出版者著作権管理機構
（電話 03-3513-6969，FAX 03-3513-6979，e-mail: info@jcopy.or.jp）の許諾を得てください．

シリーズまえがき

トップエスイーシリーズとは

　昨今，ソフトウェアシステムの不具合による大きな社会問題が続出している．その結果，ソフトウェアシステムの持つ脆弱さが浮き彫りになり，ソフトウェアシステムこそが情報化社会におけるリスクであるという認識が広く浸透した．また，開発すべきソフトウェアシステムも年々，大規模化，複雑化，高度化，多様化の一途をたどっている．こうした流れの中で，不具合のない高品質なソフトウェアシステムを開発するためには，開発にかかわるさまざまな人材のスキルの高さ，成熟した開発組織，整備された方法論や道具などの要素が要求される．いずれの要素も重要であるが，特に人材のスキル開発こそが今後の我が国のソフトウェア産業を左右すると言っても過言ではない．その結果，情報系学科，大学院教育へのソフトウェア産業界からの期待もますます高まっている．

　しかしながら，現時点においては，必ずしもその期待に十分に応えられているとはいえない．その要因の一つはソフトウェア工学分野における日本国内の大学教育の状況として，「実践がない」という課題の存在である．より具体的には，ソフトウェアの実問題を基礎とした良い教材が揃っているわけではなく，実問題からは遊離した問題（トイプロブレム）で教育や研究を行いがちであるといえる．また，ソフトウェア工学に関する日本語による良書も少なくないが，体系的なシリーズはほとんど存在していない．

　そこで，以上を踏まえて，「実問題」を題材とし，ソフトウェア科学を基礎としたソフトウェアツール・手法の手引きとして，本シリーズを発刊するに至った．本シリーズは，トップエスイー実践講座，基礎講座，入門講座の3つの講座から構成されている．それぞれの位置づけを次に示す．

トップエスイー実践講座

　企業のソフトウェア技術者そして大学院生を対象として，世界的にも最高レベルの教材を提供している．ソフトウェア技術者としてもっとも重要なスキルであるモデリング能力を身につけさせることを念頭に置いている．

トップエスイー基礎講座

　企業の経験の少ない技術者あるいは大学高学年生を対象として，トップエスイー実践講座に準ずるレベルの教材を提供している．ソフトウェア工学の様々なテーマをじっくりと深掘りしている．トップエスイー実践講座を山頂とするならば，その山頂に至る様々な登山口を用意している．

トップエスイー入門講座

　これから企業でソフトウェアの道をめざす人あるいは大学1，2年生を対象として，ソフトウェア工学に関する様々な話題を取り上げる．ソフトウェア工学へのファーストコンタクトとして興味のあるテーマを選択してほしい．そして，基礎講座，やがてはトップエスイー実践講座へ進むことを期待している．

シリーズの特徴

　本シリーズの特徴を類書との大きな違いの観点で述べておく．

- ソフトウェア科学の知識をいかにソフトウェア開発現場に持ち込むことが出来るかの観点で論じている．
- これまでの多くの書籍が「知識の伝達」に留まっているのに対して，本シリーズは，「知識をいかに現実の問題に適用するか」のいわゆるノウハウを系統的に論じている．
- 世界的にも最先端のツール・手法のみを扱っている．
- 今後2，3年先に，顕在化することが予想される実問題を題材としている．

　また，本シリーズの特徴として，支援Webサイトと協力しながら，読者に向けた情報提供を充実させていく予定である．詳しくは下記のWebサイトでお知らせしたい．
http://www.kindaikagaku.co.jp/topse/index.htm

国立情報学研究所／トップエスイーの活動

　なお，国立情報学研究所は，平成 16 年度から 5 年間の予定で文部科学省の科学技術振興調整費の支援を受け，トップレベルのソフトウェア技術者の育成を目指した「トップエスイー：サイエンスによる知的ものづくり教育」をスタートさせている．トップエスイーの教育理念を述べるならば，「計算機科学の知識を有する受講生を対象として，ソフトウェアシステムの背後にある本質を把握し，モデルとして具体的に記述・表現し，理論的基盤に基づいて体系的に分析・洗練化を行うことにより，高品質なソフトウェアシステムを効率的に開発できるスキルの開発」である．その理念の実現のために，産業界，大学，国研と密接に連携し，カリキュラム開発，講座開発，教育，そして教材の普及活動など精力的に進めている．本シリーズのトップエスイー実践講座はここでの活動の成果であることを付記しておく．

　最後に，本シリーズの刊行にあたって，産学から多大な協力により実現に至ったことにお礼申し上げる．

国立情報学研究所
トップエスイープロジェクト
本位田真一

監修者まえがき

アジャイルソフトウェア開発

　アジャイルソフトウェア開発は，2000年代，そして引き続き2010年代において，ソフトウェア工学分野の最も重要な潮流の一つである．「アジャイル」を論じる人々により，不確かさにより生じる変化への対応，顧客の参加，チームの自己組織化などの重要な原則が（改めて）強調された．これは広く様々な人々の心に響き，これらの原則を実現するための具体的な手法やプラクティスの確立・さらなる追求が続いている．「アジャイル」と分類されるような手法を直接採用しないとしても，この動きにより，例えば過剰な文書作成の見直しなど，組織のソフトウェア開発を改善していくためのきっかけを得た人々もいるであろう．

　しかし，当然ながら，どんな組織，どんな開発プロジェクトでもうまくいくような，いわゆる「銀の弾丸」は存在しない．「何がどうして，どういうときにうまくいくのか？」という本質を見極めて，既存の手法やプラクティスを取捨選択し，そしてテーラリング（具体化や改変）をしていく必要がある．

　ここで少し厄介な点として，「アジャイル」の文献はときに「布教」のような言葉使いをすることがある．従来のやり方を過剰にけなしたり排除したりすることがあるとともに，心地良くかっこいい言葉で「素敵な世界」を描いてくる．「アジャイル」という言葉自体がそうで，本書の著者も触れているように，「敏しょうで頭の回転が速い」ということを望まない人はいないだろうし，「アジャイルではない」と言われて嫌な思いをしない人もいないであろう．「アジャイル」の文献に時折現れる感覚的でややもすると過剰な言葉は，もしかしたら頭の凝り固まった人々を説得する際には便宜上必要となるかもしれない．しかしやはり，現実の組織や開発プロジェクトにおける効果的な活用のためには，客観的に本質の理解を確立しておく必要がある．

本書の特徴

本書は上述した，「アジャイル」の本質の理解にうってつけである．後に詳しく述べるように世界的な大御所が，様々な文献，それらで示された原則，手法，プラクティスを俯瞰しながら，それらを論じている．本書副題の訳は「光と影」となっているが，原著は The Good, the Hype and the Ugly，つまり「利点」と「誇大広告（誇張）」と「難点」と言っているので，「光と影」よりは手厳しいニュアンスがある．いいやり方なのであれば刺激的な文句で宣伝を行う必要はないし，従来のやり方が非論理的に過剰に排除されているのであればおかしいと言えばよい．正直に，誠実に，「アジャイル」を論じていると言える．

もちろん，単に「アジャイル」を学ぶ書籍としても優れている．少しでも「アジャイル」を学んだことがある方々であれば，本書での俯瞰を基に，より広い視点から大きな学びを得ることができるであろう．

著者および訳者について

原著者の Bertrand Meyer 氏は，言わずと知れたオブジェクト指向の大御所である．「契約による設計 (Design by Contract)」など，オブジェクト指向の適切な活用において根幹となる考え方を多く提示し，プログラミング言語および手法 Eiffel として体言化したことで知られている．読者の中には Eiffel を直接使った経験がない方もいるだろうが，Java など現在主流のオブジェクト指向言語やその活用指針に対し多大な影響を及ぼした言語・手法である．Eiffel は 2006 年に ACM Software System Award を受賞している（この賞を受賞した他のソフトウェアには，apache, make, Java, VMWare, Eclipse などがある，と添えておく）．また Meyer 氏の著書の Object-Oriented Software Construction（邦題『オブジェクト指向入門』）は，オブジェクト指向のバイブルとして日本語（第 1 版・第 2 版）を含め 10 カ国語以上に翻訳されている．

オブジェクト指向の専門家とアジャイルソフトウェア開発は関係がないように思えるかもしれない．しかし双方において本質となるのは，ソフトウェア開発に関わる開発者や様々な人々を導く原則，それを体現する手法やプラクティスをとらえて論じる力である．

形のない概念をとらえ，各技術者がそれらを活用できるようにかみ砕くことが必要である．この点において Meyer 氏は，アジャイルソフトウェア開発の解説に最も適した専門家の一人であるといえる．もちろんこの点に限らず，Meyer 氏は産学双方において多大な業績・経験を持つ世界有数の研究者・実務家であり，その Meyer 氏が本格的に取り組んだ解説には耳を傾ける価値がある．

　筆頭訳者の土肥氏は，スクラムマスターであり，アジャイルソフトウェア開発に関する様々な活動を行っている．一方で，先端的な開発方法論についての研究を旗艦国際会議で発表するなど，科学的・学術的な活動の経験もある．アジャイルソフトウェア開発を客観的に紐解こうという本書の訳者としては適任である．若いながら多方面で活躍する他の訳者の方々も加え，多忙の中，本書の翻訳に取り組んでくれた強力なチームに感謝の意を表したい．

国立情報学研究所
石川冬樹

まえがき

　本書は哲学的，理論的，または，動機づけのためのものではないが，実用的なものである．その目的は，ソフトウェア開発者，ITに関わるマネージャー，教育者といった読者が，アジャイル開発の良い考え方を習得し，そうでないものを回避することである．

　アジャイルという手法は，ソフトウェア工学における最近の進歩の中で重要なものの一つであることは間違いない．また，非常に稀なことであるが，最高なものと最低のものが組み合わされたものでもある．通常，新しい概念が出現した場合には，その全体的な価値が有益なのか，有害なのか，または，そのどちらでもないのかがすぐに評価される．しかしながら，アジャイルに関する文献を，そのように単純に判断することはできない．あるパラグラフでは見事な見解を，次のパラグラフでは無害な決まり文句を，その後にソフトウェアプロセスと製品に間違いなく損害を与えるであろう突飛なアイデアが紹介されていたりするのである．

　実践者に対して，スクラム，エクストリームプログラミング，リーンソフトウェア，クリスタルといったアジャイルの手法の使用を禁止しようとしても，まず間違いなく無視されるであろう．産業界は保守的であり，アジャイル開発に取り組もうとする現場のチームは，適用しにくいものを拒絶した上で，独自にアジャイルなプラクティスを組み合わせようとする．しかしながら，そのためには，各組織とプロジェクトが，まさに砂利から宝石を選別するようなプロセスを繰り返さなければならなかった．何という無駄な努力であろうか．本書のアジャイルの重要なアイデアの包括的な説明と評価を読めば，その苦労が低減できるだろう．

説明と評価

　本書の第1の目的はアジャイルについて説明することである．アジャイル開発について簡潔に，包括的に，首尾一貫した形で提示しているため，アジャイルの入門書として使うことができる．これからアジャイルを導入しようとするのであれば，アジャイルとは何かを理解し，採択したアジャイルの考え方をプロジェクトへ適用することが可能となり，もっ

と専門的な文献（特定のアジャイル開発に関する文献など）を，最も効果的で有益に読むことができるようになるだろう．既にアジャイルについて見聞きし，適用しようとしたのであれば，それらの概念を整理し，深く理解し，より適切に適用することができるだろう．

　アジャイルに関する既に莫大な文献が存在するにもかかわらず，私が知る限り，本質的なアジャイルな考え方や技術を簡潔に完全に示したものは存在していない．しかも特定のアジャイル開発に限定することもなく，逸話や秘話に埋もれた形でもなく，カルト教団への勧誘のような賛辞の嵐でもない形でである．そのため，本書が必要なのである．キリスト教の説法のように思想を啓蒙する文献にも価値があるが，多くの人にとっては，「ベロシティ」「継続的インテグレーション」「ユーザストーリー」「自己組織化チーム」「スプリントレビュー」「計画」「モブプログラミング」などが，一体，何を意味するものなのかを知ることに興味があるだろう．そして，そのことこそが，私が162ページ[1]をかけて表現しようとしているものなのである．

　第2の目的はアジャイルについて評価することである．本書では，アジャイル開発を公平に評価し，役立つもの，注目するまでもないもの，悪影響のあるものに分類する．偏った評価はしていないが，この分類が絶対という意味ではない．なぜなら，ソフトウェアプロセスの客観的研究，つまり，実践的ソフトウェア工学は，まだ，進行中の科学であるからである．そのため，本書の結論のすべてに同意する必要はないが，その大部分に同意してもらえるであろう．そして，同意できない部分でも，双方の主張を論理的に理解できるだろう[2]．

常に冷静に

　アジャイル開発を感情的にならず，明確に理解し，評価するためには，過度な同調性，脅迫感，原理主義という3つの障害を排除する必要がある．

　既存の多くの文献は過度な同調性を持っている．ここで問題となっているのは，考案者が自身のアイデアを支持するというごく普通のものではなく，時として宗教がかった熱狂的な思いにより，読者が不信感を抱かなくなってしまいがちだということである．

---

[1] （訳注）原著のページ数．

[2] （訳注）原著では，説明と評価を区別するためにアイコンを付与しているが，文脈から容易に判別可能なため，本書では省略している．

構造化プログラミング，オブジェクト技術，デザインパターンという3つの既存の開発技術は，世界中の人々がソフトウェアを構築する手法に，今でも影響を与えている．それと同じように，既にアジャイル開発も影響を与え始めているのである．しかし，3つの手法が最初に提案された際は，熱狂的にその新しい考え方が支持されたが，理性的に議論をしていたのである．アジャイル開発の場合は，理由なく信じてしまうのである．これは，難しい技術的，人間的側面を持つ工学的な問題に対する解決の正しいアプローチではない．

　アジャイルの文献はしばしば脅迫感を与えてしまう．これまでのアプローチを，過去のものとして捨て去り，ウォーターフォールというレッテルを貼り，軽蔑し，従来手法に従う者は頑固であるという印象を与える．アジャイル開発への異論に対して，「官僚的」「無能」「凡庸」の証拠であると主張する著書をしばしば見かけるであろう．

　アジャイルという名前は，この手法にまさにうってつけであり，自称懐疑論者に「誰がアジャイルじゃない舞台に立ちたいだろうか？」と熟考させるには十分であり，マーケティング的な意味で素晴らしい判断，いや，天才的な発想なのである．agile の反意語を辞書で調べてみると，awkward (洗練されていない)，lumbering (頭の鈍い)，ungraceful (見苦しい)といった記述が見つかる．そのため，もし自由に選択できるのであれば，読者も私も，そして，誰もが皆，アジャイルでありたいはずだ！しかし，名前は単なる名前であり，アジャイルの具体的な原則，プラクティスを一つひとつ理知的に判断しなければならないのである．

　明確で，現実的な評価をした場合でも，原理主義によってややこしい話になってしまう．手法の設計者の中には，規定に対して完全に従わなければならないと主張するものも存在する．例えば，非常に柔軟性のある状況に応じた変化が可能なクリスタルのような例外はあるものの，これまでの基礎的な文献の多くで，全か無かという見方が蔓延したことにより，どの技術が自身のプロジェクトで機能し，どの技術が機能しないかを特定することを複雑にしてしまうのである．

これまでの試み

　アジャイル開発に関する多くの書籍の中で，愛情に満ちた表現でないものは3冊しか知らない．1冊目は，マクブリーンの *Questioning Extreame Programing* [58] である．この本の問いは，悲哀に満ちており，XP の深刻な問題に関して読者を不明瞭なままにしている．ステファン (Stephens) とローゼンバーグ (Rosenberg) の *Extreame Programming*

Refactored: The Case Against XP [86] では，このような不安に悩むことはない．この本はパンフレットであり，面白く啓発的であるが，公平な事前，事後の解析をするというよりも，アジャイルの不合理さにより焦点を当てている．最も深刻なそのような解析を試みているのは，ベームとターナーによる，*Balancing Agility with Discipline* [18] である．アジャイルのアプローチと，従来の計画駆動のソフトウェア工学技術とを対比している．この本の大きな強みは，アジャイル技法とそれに対応する従来手法とを比較した研究からの実践的なデータである．私の感覚としては，あまりにも些細な点における注意すべき側面について議論している．おそらく，ベームはソフトウェア工学において尊敬される人物である一方で，古いやり方の支持者として格付けされることを恐れたため，批判的になり過ぎるのを避けたのだろう．

この本の中ではそのような臆病ことはない（あなたがそれを心配していた場合のために伝えておく）．良いアイデアを強調し称賛するし，たわ言に直面することがあれば，それをたわ言だと呼ぶだろう．

この本の構造

本書は単純な構成となっており，先頭から順番に読み進めることを推奨する．概要と付けた最初の章では，アジャイルの考え方を紹介し，最初の包括的な評価を提示する．本書のその他の章のための導入であり，全体の要約となっている．

第 2 章では，アジャイルについて少し説明し，根拠のない一般化を防ぐための内容である．アジャイルに関する文献を紹介しながら，それらの著者たちが世界中の人々を納得させる手法について分析する．

第 3 章では，アジャイル開発において忌避され，アジャイルの文献でも痛烈に批判される，ウォーターフォール型開発など伝統的な計画に基づくソフトウェア工学の手法について概要を示す．

続く 5 つの章が，本書の中核となっており，アジャイルな考え方を検証している．第 4 章ではアジャイルの原則について，第 5 章では役割（マネージャーとユーザなどの人事役割の意味での）について，第 6 章と第 7 章ではアジャイルのプラクティスについて，第 8 章では実体を持つ，あるいは，仮想的な成果物について検討する．ここでは，特定の手法に焦点を当てることはせず，多くの手法に共有する概念とツールに目を向けている．そ

うすることで，様々な手法に共通する多くの特徴が明らかになるはずだ．そして，読者の方々が盲目的に従うのではなく，自身でアジャイルの考え方を検証できるようになり，自分の状況にどの手法が適しているかを判断することができるようになるはずだ．特定の手法に特化した内容の場合には，本文の議論の中でどの手法のものかを明記する．ただし，これらの章では，個々の手法の概念や技術にのみ注目していることに留意してほしい．

第9章では，スクラム，リーンソフトウェア開発，XP，クリスタルという既存の代表的な4つの手法へ焦点を移す．これらの手法の考え方の基礎は，第4章から第8章までで提示しているため，選択した原理，役割，プラクティス，成果物の組合せに対して注目し，手法の独自の思想に重きを置く．この分析を通して，それぞれの手法には，その手法を特徴づける「大きな1つの思想」と，それをベースとした「補助的な多くの思想」から成立していることが分かる．

第10章は簡潔であり，組織がアジャイル開発を適用する際，特に一部の人がアジャイルな考え方を持っている場合に，気をつけるべき事前の注意を記述している．そこでは，ソフトウェア工学の行動規範を適用し続けるように警告し，コンサルタントには都合がよいがクライアントには役立たない詭弁のような誤った考えに対して注意を与えている．

第11章では最終的な評価をしている．アジャイル開発について総合的に検証し，有効なのか，無意味なのかを判断している．実際，本書の副題が示唆するように，アジャイルの考え方は，次の3つのカテゴリに分類する．

- 利点（輝かしく優れたものも含む）：新しいものもそうでないものも含むが，ソフトウェアの品質と生産性に役立つことが正しく主張されている原理やプラクティス
- 誇張：広く知られているが，ソフトウェアに対して良くも悪くもあまり影響を与えないもの
- 難点：優れたソフトウェア工学の実績のある規則と相反し，プロジェクトの成功を危うくし，結果としてソフトウェアの品質を損なうが，アジャイルにおいて推奨されるもの

視点と範囲

いかなる書籍も作者の経験によって脚色されるものである．私の経歴の最も特徴的な点

は，キャリアの大半を占める産業界での経験と，ここ 10 年の学術界での活動が混在していることだ．

また，本書は包括的なソフトウェア開発の手法を扱っていないということについても留意してもらいたい．私の以前の著書では，ソフトウェア開発の品質に関する技術について言及しており，特にオブジェクト指向技術，形式記述，契約による設計といった特定の手法について議論している．対照的に，本書は他者の成果について調査したものである．いくつかの例外はあるが，うまくいっている既存のアジャイル開発や議論と関連していると感じた場合でさえ，私自身の研究について触れることを避けた．

分析手法: 直感，経験，論理，実践

ソフトウェアの開発方法論は，いかなるものでもその正しさを証明することが困難であるため，扱いにくいものである．多くの考え方は，その発案者の説得力の強さによって採用される．その場合，採用されるかどうかということが，その手法が良い，あるいは，悪いということを意味するものではない．

発案者は，直観，経験，論理的推論，経験的分析という 4 種類の手法で議論を展開する．

説得に関して，直観を馬鹿にしてはいけない．すべてのソフトウェア開発手法に関する文献の起源とも言える，1968 年に発表されたダイクストラ (Dijkstra) の *Go To Statement Considered Harmful* [37] は，多くの点で直観に頼っていたのだ．

> 最近，私はなぜ GoTo 文の使用がこのような悲惨な結果をもたらすのかを発見し，より高いレベルのプログラミング言語から廃止されるべきであると確信した．

しかし，ダイクストラでなければ，直感で多くの人を説得することは難しいだろう．また経験も，次の引用のようにダイクストラの理論的根拠の一部となっているのである．

> 私は何年もの間，プログラマーの素養は，作成するプログラムから GOTO 文の塊を減らしていくことができるかに現れるという事実を見てきた．

経験的な議論は，アジャイル開発の考案者も好んで利用する方法である．典型的なアジャイルの書籍は，一般的な見解と，プロジェクトの救済（特に著者が助けた場合），およ

び，失敗（特に著者の意見に従わずに失敗した場合）にまつわる個人的な逸話の繰り返しである．このような逸話は通常，面白く，時に，示唆に富むが，ケーススタディはケーススタディでしかなく，どれだけ一般化できるかは知る由もない．結局のところ，ほぼどんなアイデアであっても，その有効性を支持する経験談を用意することはできてしまうのである．

ところで，逸話や個々の事例は，手法の有効性を主張する力があるが，その力があるのは，一般的な法則を否定するときだけである．そのような一般的な法則が提案された場合，それを否定する1つの経験（専門用語でいう反証）があれば十分なのである．例えば，アリストテレスが，質量に応じた加速度で物体は落下すると言ったとしよう．単にピサの斜塔に登り，軽いボールと，重いボールを落とし，それらが同時に地面に落下することが確認されればよいのである．

論理的推論は強力な道具であり，ダイクストラの主張にも重要な役割を果たしている．また，思考実験によってのみ仮説を証明したとも言われるガリレオの主張にもまた強力なものとなった．しかし，その議論の根拠となる仮定と同等程度にしか説得力がなく，学術的分野から抜け出せない危険性がある．

理想的には，実践分析を使うべきである．ペアプログラミングがコードレビューよりも良い結果を導くのか？継続的に顧客と協調することは，固定的な要求プロセスよりも適しているのか？ソフトウェアの開発手法の問いに対する信憑性のある答えには，プロジェクトにおける体系的で，厳密で，現実的な調査が必要なのである．本書は可能であればそのような結果に基づいているが，十分な調査がない場合がある．急成長する実践的ソフトウェア工学の分野においては，数多くの基礎的な問題が解明されていないのである．このことが恐らく本書を作り上げる上での最大の障害であっただろう．十分な実践的な根拠が得られなかった場合は，主として解析的な推論に基づいて議論をしている．

私は完全に逸話や個人的経験を排除することはしなかったが，その使用は論理的な議論に基づいた要点の説明と，上記で述べた過度な一般化を否定するための利用に限定したつもりである．

自由であり批判的である疑問

本書には批判的なコメントを含むことを前提として言うが，言葉とは記述されたものに

内在する信念を説明するためのものである．

　科学や工学の発展は，過去の業績に対する自由な批判的な疑問に基づくものである．アジャイルの文献を調査していくと，それらの著者に多くの点で同意できず，いくつかの衝撃的な問題も見つけ，彼らの主張に黙っていることはできなかったのである．しかし，称賛に値する内容や，ソフトウェア開発に関しての新しい洞察もあった．この先のページの批判を扱う際には，この見解は覚えておいてほしい．

　もし何か重要な知見が得られると感じなければ，アジャイル開発を取り入れ，アジャイルに関する文献を読みあさったこの素晴らしい3年間を過ごすことはなかっただろう．時として道は真っ直ぐではないが，本書を通して，読者が無駄なくソフトウェア開発の道を進むとともに，私の経験を共有できればと思う．

　批判することは，見下しているということではない．アジャイルの先駆者たちは経験豊富な専門家であり，ソフトウェアに情熱を持っている．たとえ彼らが間違っていると感じたとしても，彼らの見解に価値を感じ，その情熱に共感する．我々は運命共同体なのである

2014年1月
Bertrand Meyer

謝辞

本書では，多くの判断をしているため，本書の内容は著者のみが明言しているという習慣的な注意を，改めて述べておく．つまり，影響を与えてくれたり，支援してくれた人たちに謝辞を贈ったとしても，以下に記す誰も本書の表現内容について承認したことを意味するものではない．この注意は，特に感謝する最初の一団の人たちに対してのものであり，その中には，最良のアジャイルの書籍の著者であるということに同意しない人たちもいるだろう．アジャイル開発について書籍を読むことで多くを学び，特に，ケント・ベック (Kent Beck)，バリー・ベーム (Barry Boehm) とリチャード・ターナー (Richard Turner)，アリステア・コックバーン (Alistair Cockburn)，マイク・コーン (Mike Cohn)，クレーグ・ラーマン (Craig Larman)，マリー・ポッペンディーク (Mary Poppendick) とトム・ポッペンディーク (Tom Poppendieck)，そして，ケン・シュエイバー (Ken Schwaber) とマイク・ビードル (Mike Beedle) の書籍や記事に恩義を感じている．間違いなく私が最初にアジャイルの考え方に出合ったのは，Le Brau EDF/CEA の 1999 年のサマースクールでのピート・マクブリーン (Pete McBreen) のエクストリームプログラミングの発表であった．マイク・コーンには，彼の 2 つの引用元の明確化に関して感謝している．ジェフ・サザーランド (Jeff Sutherland) のモスクワでの活発なスクラムのワークショップも得るものがあった．おかげで，誇りに思う認定スクラムマスターになることができた．

ETH で本書のテーマに関する業界セミナーを何度か開催し，参加者からの多くのコメントを得ることができた．本書の焦点の改善をしてくれた Springer 社のラルフ・ガーストナー (Ralf Gerstner) とヴィクトリア・マイヤー (Viktoria Meyer) に感謝する．パトリック・スマッカ (Patrick Smacchia) は，最近のアジャイルのプラクティスについて注意を与えてくれた．クロード・ボードイン (Claude Baudoin)，ケント・ベック (Kent Beck)，ジュディス・ビショップ (Judith Bishop)，マイケル・ジャクソン (Michael Jackson)，イヴァー・ヤコブソン (Ivar Jacobson) は，草稿を見た後に温かく励ましてくれた．ポール・デュボア (Paul Dubois) とマーク・ハワード (Mark Howard) は，本書の焦点と改善に役立つ重要なコメントを送ってくれた．クラウディア・ギュンター (Claudia Gunthart) とアニー・マイヤー (Annie Meyer) の編集に助けられた．キャロル・モーガン (Carroll Morgan) は，特に体裁と内容について鋭敏なコメントをくれた．本書を詳細に読み，本質的な改善の助けに

なったラファル・マイヤー (Raphal Meyer) に特別な感謝の言葉を贈りたい．

　私がソフトウェア工学に対して尊大になったと感じられるようになれば，Eiffel Software 社の開発グループがすぐさま地に引き降ろしているだろう．私たちは毎日戦っているのである．しかし，すべてを共に見てきてもいるのである．つまり，栄光のときのような成功，終わりのないように見える開発イテレーション，リリースしてから 2 日後に判明した致命的なバグ，欲張って作成したがユーザは全く興味を持たなかった機能を，共に見てきたのである．この単語の最上の意味として，私たちはアジャイルであり，常に学び続けているのである．

　私の個人的なブログ bertrandmeyer.com や ACM Communications (cacm.acm.org/blogs/blog-cacm) のブログも読んで，コメントをいただければ嬉しい．

　チューリッヒ工科大学 (ETH) のソフトウェア工学の教授陣には，ソフトウェア工学の問題について多くの議論をしてくれた恩義がある．全員を言及することはできないが，以下の人たちは紹介しないわけにはいかない．ティル・ベイ (Till Bay) は，EiffelStudio の開発を，アジャイル的なタイムボックスのリリースプロセスに切り替えるきっかけとなった．マルコ・ピッチオーニ (Marco Piccioni) はスクラムに注意を向けてくれた最初の人である．彼はまた本書の草稿に対して数多くの重要な示唆を与えてくれた．世界中の 12 の大学の学生が挑戦的な分散プロジェクトに共に取り組む ETH の「分散ソフトウェア工学ラボ」のコースにおいて，長年，講師を一緒にやっているピーター・コルベ (Peter Kolb) とマーティン・ノルディオ (Martin Nordio) は様々な示唆を与えてくれた．同様にアシスタントのローマン・ミーチン (Roman Mitin)，ジュリアン・チャネン (Julian Tschannen)，クリスチャン・エストラ (Christian Estler) をはじめ，参加大学の学生や講師も協力してくれた．このコースによって数多くの実践的な研究が公開に至り，この分野を理解するために非常に役立った．

目　次

第 1 章　概要　　1
- 1.1　価値　　4
- 1.2　原則　　6
  - 1.2.1　組織の原則　　8
  - 1.2.2　技術的な原則　　8
- 1.3　役割　　10
- 1.4　プラクティス　　11
  - 1.4.1　組織的プラクティス　　12
  - 1.4.2　技術的プラクティス　　13
- 1.5　ツール　　14
  - 1.5.1　概念的なツール　　15
  - 1.5.2　物質的なツール　　16
- 1.6　概評　　17
  - 1.6.1　新しくも良くもない　　17
  - 1.6.2　新しいが良くない　　18
  - 1.6.3　新しくないが良い　　19
  - 1.6.4　新しく良い！　　20

第 2 章　アジャイルの文献の分析　　23
- 2.1　巡礼者の苦境　　24
  - 2.1.1　逸話による証明　　25
  - 2.1.2　書くことが話すことに勝るとき　　27
  - 2.1.3　宝石の発見　　28
  - 2.1.4　アジャイルの文献：読者は気をつけて！　　30
- 2.2　よく使われる言葉のトリック 7 選　　31
  - 2.2.1　逸話による証明　　32
  - 2.2.2　連想による誹謗　　32

xix

目 次

	2.2.3 脅迫	33
	2.2.4 天変地異説	37
	2.2.5 原理主義	38
	2.2.6 言い訳	38
	2.2.7 検証できない非難	40

第3章 敵は大掛かりな事前作業のすべて　45

3.1	予測はウォーターフォールではない	46
3.2	要求工学	47
	3.2.1 要求工学の技術	47
	3.2.2 事前の要求分析に対するアジャイルの批判	48
	3.2.3 無駄だという批判	49
	3.2.4 変化への批判	51
	3.2.5 ドメインとマシン	53
3.3	アーキテクチャと設計	54
	3.3.1 設計は実装から分けられるか？	55
	3.3.2 アジャイルの手法と設計	58
3.4	ライフサイクルモデル	60
3.5	ラショナル統一プロセス	62
3.6	成熟度モデル	63
	3.6.1 CMMIの明確な表現による概要	64
	3.6.2 パーソナル・ソフトウェア・プロセス	67
	3.6.3 CMMI/PSPとアジャイル開発	68
	3.6.4 アジャイルの成熟度モデル	69

第4章 アジャイルの原則　71

4.1	原則とは何か？	72
4.2	公式な原則	73
4.3	利用可能なリスト	74
4.4	組織の原則	75
	4.4.1 顧客を中心に考えよう	75

	4.4.2	自己組織化チームにしよう 78
	4.4.3	継続可能なペースで仕事をしよう 82
	4.4.4	最小限のソフトウェアの開発しよう 84
	4.4.5	変化を許容しよう 99
4.5	技術的な原則 102	
	4.5.1	反復的に開発しよう 102
	4.5.2	テストを重要なリソースとして扱おう 109
	4.5.3	すべてのテストが通るまでは新しい機能には着手しない 111
	4.5.4	テストファーストでやろう 112
	4.5.5	シナリオを使って要求を表現しよう 113

第 5 章　アジャイルの役割　　117

5.1	管理者 118
5.2	プロダクトオーナー 119
5.3	開発チーム 120
	5.3.1　自己組織化 120
	5.3.2　機能横断的 121
5.4	メンバーとオブザーバ 122
5.5	顧客 122
5.6	コーチ，スクラムマスター 125
5.7	役割の分離 128

第 6 章　管理者のプラクティス　　131

6.1	スプリント 132
	6.1.1　スプリントの基礎 132
	6.1.2　閉じられた窓ルール 133
	6.1.3　スプリント：評価 134
6.2	デイリーミーティング（朝会） 135
6.3	計画ゲーム 138
6.4	プランニングポーカー 139
6.5	オンサイト顧客 141

目次

- 6.6 オープンスペース ... 141
- 6.7 プロセスミニチュア ... 143
- 6.8 イテレーションの計画 ... 144
- 6.9 レビューミーティング ... 145
- 6.10 振り返りミーティング ... 146
- 6.11 スクラム・オブ・スクラムズ ... 146
- 6.12 コードの共同所有 ... 147
  - 6.12.1 コードの所有権に関する議論 ... 148
  - 6.12.2 コードの共同所有と機能横断的 ... 150

第7章 技術的なプラクティス　153

- 7.1 デイリービルドと継続的インテグレーション ... 154
- 7.2 ペアプログラミング ... 157
  - 7.2.1 ペアプログラミングの概念 ... 157
  - 7.2.2 ペアプログラミング vs メンタリング ... 159
  - 7.2.3 モブプログラミング ... 160
  - 7.2.4 ペアプログラミング：評価 ... 160
- 7.3 コーディング規約 ... 162
- 7.4 リファクタリング ... 163
  - 7.4.1 リファクタリングの概念 ... 163
  - 7.4.2 リファクタリングの利点と限界 ... 165
  - 7.4.3 偶発的な変化と本質的な変化 ... 167
  - 7.4.4 先天的と後天的な取組みの組合せ ... 169
- 7.5 テストファーストとテスト駆動開発 ... 169
  - 7.5.1 テスト駆動開発 (TDD) ... 170
  - 7.5.2 TFD と TDD の評価 ... 171

第8章 アジャイルの成果物　173

- 8.1 コード ... 174
- 8.2 テスト ... 174
- 8.3 ユーザストーリー ... 176

8.4	ストーリーポイント	180
8.5	ベロシティ	183
8.6	完了の定義	185
8.7	作業環境	185
8.8	プロダクトバックログ，スプリントバックログ	187
8.9	ストーリーカード，タスクカード	188
8.10	タスクとストーリーのボード	188
8.11	バーンダウン・バーンアップチャート	190
8.12	障害	191
8.13	無駄・技術的負債・依存・依存チャート	192

第9章 アジャイル開発　197

9.1	手法と方法論	198
	9.1.1 専門用語	198
	9.1.2 キツネとハリネズミ	198
9.2	リーンソフトウェアとカンバン	199
	9.2.1 リーンソフトウェアの意図	199
	9.2.2 リーンソフトウェアの規律	199
	9.2.3 リーンソフトウェア開発：評価	201
	9.2.4 カンバン	202
9.3	エクストリームプログラミング	202
	9.3.1 XP の大きな思想	203
	9.3.2 XP：純粋な情報源	203
	9.3.3 重要な XP の技術	205
	9.3.4 エクストリームプログラミング：評価	205
9.4	スクラム	206
	9.4.1 スクラムの大きな思想	206
	9.4.2 重要なスクラムのプラクティス	207
	9.4.3 スクラム：評価	207
9.5	クリスタル	208
	9.5.1 クリスタルの大きな思想	208

目次

   9.5.2 クリスタルの規律 209
   9.5.3 クリスタル：評価 210

第 10 章 アジャイルチームの扱い 213
 10.1 重力は依然として効力を持つ 214
 10.2 機能か時間かと考えるのは間違いである 216

第 11 章 アジャイル開発の評価：難点・誇張・利点 219
 11.1 難点 220
   11.1.1 事前タスクの軽視 220
   11.1.2 要求の基本としてのユーザストーリー 221
   11.1.3 機能単位の開発と依存関係の無視 221
   11.1.4 依存関係追跡ツールの拒絶 221
   11.1.5 従来の管理者のタスクの拒絶 222
   11.1.6 事前の一般化の拒絶 222
   11.1.7 オンサイト顧客 222
   11.1.8 個別の役割としてのコーチ 223
   11.1.9 テスト駆動開発 223
   11.1.10 ドキュメントの軽視 223
 11.2 誇張 224
 11.3 利点 226
 11.4 非常に素晴らしいこと 226

訳者あとがき 229
 1 アジャイル支持者として 230
 2 アジャイルとプロセス 230
 3 アジャイルとプロジェクト 232
 4 アジャイルとは？ 233

参考文献 235

索 引 243

第 1 章

概 要

第 1 章 概要

アジャイルの考え方は，エクストリームプログラミング (XP) が発展した 1990 年代にまでさかのぼるが，2001 年に「アジャイルソフトウェア開発宣言」[3] が提唱されたことで有名になった．

図 1.1 アジャイルソフトウェア開発宣言

6 人のジーンズをはいた，太鼓腹の中年の紳士が，私たちに振り返って寛大な目を向ける光景は，明白にアジャイルの良さを伝えている．個人的には，俊敏さを示唆する表現をしたかったため，原著の表紙絵に行きついた．つまり，アジャイルソフトウェア開発宣言の背景の絵が，予想以上にうまくいったため，その時代の流れから抜け出そうとしてみたのである．産業界，お気に入りの技術雑誌，企業が優秀なプログラマー獲得のための熾烈な競争の宣伝文句のようなものにおいてまで，アジャイルという言葉が賑わうようになった．

アジャイル開発とは，単一の開発手法を示すものではない．エクストリームプログラミング (XP[1])，スクラム，リーンソフトウェア開発，クリスタルといった独立した開発手法

---

[1] XP という略称は，"eXtreme Programming" の大文字部分に由来する．

図 1.2　原著の表紙絵

があり，多くの場合はそれぞれの手法を完全には理解せずに，それらの断片的な要素を組み合わせて適用している開発手法の総称である．本章では，以下に示す中心となる特徴を見ていき，アジャイル開発の詳細には立ち入らず，その雰囲気を紹介したい．

- 価値：アジャイルの視点を構成する一般的な過程 (1.1 節)
- 原則：組織的，および，技術的なアジャイルの中心的なルール (1.2 節)
- 役割：アジャイルなプロセスにおける多様な関係者の責任と権限 (1.3 節)
- プラクティス：アジャイルなチームが実践する特定の活動 (1.4 節)
- ツール：プラクティスを支援する仮想的，および，物理的なツール (1.5 節)

価値から原則が導かれ，原則から役割，プラクティス，ツールが導かれる．本章の最後では，このアプローチに対する評価を示す．

本章は，主要な考え方について正確に理解するための，第 2 章以降の要約である．最後の部分を除いて，解説としてアジャイルの考え方を中立に表現している．簡潔にするために，この章でまとめた技術については，その技術について記述されたアジャイルの文献について言及しない（一例を除いて）．しかし，以降の章では，数多くのアジャイルに関する文献の言葉を引用する．それらの文献では，その著者が手法の根拠について詳細を説明してくれている．

第 1 章 概要

1.1 価値

　前ページのアジャイルソフトウェア開発宣言を読めば，「アジャイル」は，ただのソフトウェア技術の塊ではなく，社会的な運動であり，イデオロギーであり，理念であることが分かる．さらに言えば，スクラムの開発者の一人は，「アジャイルは感性である」[89] と宣言している．基本的で根本的な前提を説明しておくと，アジャイルの支持者は「価値」という言葉を好んで使う．特定の原理や役割や，プラクティス，ツールを見る前に，5つの一般的な信条で表現した，アジャイルの信条について触れておこう．

---- アジャイルの信条 ----
1　開発者，管理者，顧客の役割の再定義
2　大掛かりな事前作業 (Big Upfront) の排除
3　反復的な開発
4　協議により決定される限定的な機能
5　テストを通して実現される品質に注目

　1番目の信条は，プロジェクト開発の基本的な特性，つまり，開発者と管理者の役割，に影響を与えるものである．アジャイル開発においては，タスクの選択とタスクの開発者への割り当てといった最も重要な責任を含む，多くの責務を開発チーム全体に移し，管理者の職務を制限するように再定義されている．アジャイルのムーブメントを，厳格にトップダウンで，ディルバート[2]の上司のようなマイクロマネジメントをするソフトウェアプロジェクト管理を拒絶する「revolt of the cubicles」として社会学的に解釈することもできる．塹壕（ざんごう），つまり，パーティションの中にいるプログラマーは，しばしば，ソフトウェア開発の本質を無視しているとして，このような管理手法を腹立たしく思う．ディルバートのようなタイプのエンジニアは，ドキュメントと図がシステムを作るのではなく，コードによってシステムは構築されるということを認識しているのである．一つには，アジャイル開発は，コードの復権といえるのである．

　役割の再定義は，顧客にも影響がある．アジャイルな世界においての顧客は，受動的なソフトウェアの受領者ではなく，能動的な参加者なのである．多くの開発手法において，

---
[2] (訳注) ディルバートとは，スコット・アダムス原作の，情報産業の職場と企業の問題にシニカルに描いたアメリカの漫画．ディルバートの上司はマイクロマネージャーとして描かれている．

顧客の代表者を開発チーム自体に内包することを推奨しているのである．

2番目の信条は，「大掛かりな事前作業」を拒絶するというものである．「大掛かりな事前作業」という言葉は，プロジェクトの最初の大規模な計画を始めに行う，要求定義，システムのゴールの定義，システム設計，アーキテクチャの定義に代表されるような標準的なソフトウェア工学の技術を侮蔑的に表現するために使われる言葉である．

アジャイルの観点では，次のように考える．

- 要求はプロジェクトの最初に把握できるものではない．なぜなら，ユーザ自身が何を求めているか分かっていないのである．要求仕様書をなんとか書いたとしても，プロジェクトが進むに従って変更されるため，その要求仕様書は意味のないものとなってしまう．
- 事前にシステムを設計したとしても，開発の初期の段階では，何を作り何を作らないか確定していないため，時間の無駄である．

アジャイル開発においては，しっかりした要求仕様書を作成する代わりに，継続的に顧客とコミュニケーションを取り，顧客の課題をしっかり把握し，開発したものに対するフィードバックを得ることを推奨している．そのため，開発チーム内に顧客の代表者を含めるのである．システム設計の代わりに，システムを反復的に構築することを推奨するのである．つまり，目の前の課題に対して「機能するであろう最小限のソリューション（XPのスローガン）」を各ステップごとに考案し，もし，そのソリューションが不完全であることが分かったならば，リファクタリング[3]として知られるプロセスを通して，その設計を改善するのである．

アジャイル開発においては，要求仕様書を作成する代わりに，各イテレーションの最初に，投資効果(ROI)が最大となるように優先度を付けた実装する機能のリストをチームが選択するのである．大掛かりな事前作業を実施しなくても，その選択した機能を，連続する工程の中で実現していくのである．この工程は，スクラムではスプリントと呼ばれ，一般的には数週間の固定された時間間隔，つまり，タイムボックス化されたものとして扱う．

次の信条は，協議により決定される限定的な機能である．アジャイルに関する文献では，従来のプロジェクトにおいては，ほとんど誰も利用しない機能の構築に労力を注いでしまっていることを指摘している．アジャイル開発では，そのビジネス的価値，つまり，

---

[3] （訳注）リファクタリングはもっと定常的な作業であり，このコンテキストにおいては，再構築（リコンストラクト）のほうが適切な表現．

ROIに基づいて判断し，最も重要な機能に限定することを推奨している．「リーンソフトウェア開発」の信奉者は，他の産業（特に自動車製造）と比較し，利用されない機能は，製造業の工程の「ムダ」と同等に扱い，「ムダの最小化」に注目する．トヨタ生産方式の影響を受けた「カンバン」は，「しかかり状態」の最小化を追求する．

各イテレーションにおいて，機能の選択の段階で，「協議」を行う．アジャイルの考え方においては，事前に完全な要求仕様を決定することはできないのと同じように，機能と納期の両方を確約することは不可能であるとする．タイムボックスで区切られた開発をしているため，全部を実装することと，期限を来月までに変更するのかというトレードオフでは，一般的には後者を選択する．つまり，そのイテレーションで計画したすべての機能が期日までに完成できないのであれば，そのイテレーションで完成する機能を変更し，イテレーションの期限は変えないのである．間に合わなかった機能は以降のイテレーションに再度割り当てられるか，後々の分析によりROI的に不十分と見なされれば，実装されないこともある．この計画と調整のプロセスには，継続的な顧客との協議が必要である．

最後の信条は，品質を重視するというものである．このアジャイルにおける品質とは，本質的には継続的なテストを意味し，特に，設計技法，形式手法のような，大掛かりな事前作業を伴う他の品質に対するアプローチとは異なる．アジャイル的な手法を行うと，従来の開発手法のようにあまり品質に対して注意を払おうとしない状態は許容できないのである．特に，既に開発したコードのすべてのテストがパスしていないにもかかわらず，新しい機能の開発を継続してはならないのである．プロジェクトの回帰テストのテストスイートの役割を重視したことは，その一つの功績だろう．テストスイートとは，パスしなければならないテストの集合であり，ある時点でパスしなかった，つまりは，その際に修正された欠陥を見つけたテストを含むものである．回帰テストという概念は既に認知されており，適用されてきたが，アジャイル開発は，回帰テストを開発プロセスの中心に置いたのである．

1.2 原則

以降，本書では，アジャイルの核となる次の8つの原則（内5つは補足の原則を持つ）について考察する．

1.2 原則

――― アジャイルの原則 ―――

組織

1 顧客を中心に考えよう
2 自己組織化チームにしよう
3 継続可能なペースで仕事をしよう
4 最小限のソフトウェアを開発しよう
    4.1 最小限の機能を開発しよう
    4.2 要求されたプロダクトだけを開発しよう
    4.3 コードとテストのみを開発しよう
5 変化を許容しよう

技術

6 反復的に開発しよう
    6.1 イテレーションごとに機能を開発しよう
    6.2 イテレーションの間は要件を固定しよう
7 テストを重要なリソースとして扱おう
    7.1 すべてのテストが通るまでは，新しい機能には着手しないようにしよう
    7.2 テストファーストでやろう
8 シナリオを使って要求を表現しよう

これらの原則は，前節の5つの一般的な価値基準に従うものであり，それらを実際の指示の形にしたものである．

アジャイルソフトウェア開発宣言に列挙された12の原則は，原則とは言えない．後の章で議論するが，それらの公式の原則は，分析にはあまり適していない．それらは冗長であり，異なるレベルの考え方が組み合わさっており，意欲のある個人（意欲的であることを誰が自分で否定しようか）の中でプロジェクトを構築しようといった寛大だがほとんど当り前のことから，2週間から2か月の特定の間隔でソフトウェアをリリースするといった特定のルール，つまり，原則というよりむしろ実践的手法までの幅がある．また，テストが非常に重要であるという主要な考え方も除外されている．ここで紹介した8つの原則は，より適切に全体像

を示すことができるのである．

1.2.1 組織の原則

最初の 5 つの原則は，アジャイルなプロジェクトの組織と管理について示したものである．アジャイル開発は顧客中心の考え方である．ソフトウェア開発の目的は，顧客に最良の投資利益率 (ROI) を提供することである．役割の再定義の一貫として，顧客の代表者がプロジェクトに一貫して参画することが望ましい．アジャイルなチームは自己組織化されており，自らが自分のタスクを決定する．チームへ権限移譲することにより，先ほど述べたように，管理者の責任は著しく減少するのである．

アジャイルなプロジェクトでは，間近の納期に基づく非常に強い圧力によって，非常に猛烈にチームが働かなければならない状況，いわゆるデスマーチを拒絶し，継続可能なペースで仕事をする．継続可能であるためには，プログラマーは妥当な時間だけ働き，夜や週末の時間を確保しなければならない．先ほど述べたような社会学的な真意，つまり，管理者からプログラマーとコンサルタントへの権限委譲としてのアジャイル開発がここでも明確になっている．

アジャイル開発は，必要不可欠な機能だけを構築する（最小限の機能），将来的な再利用や拡張の準備をする仕事を除外し，要求されたものだけを構築する（最小限のプロダクト），顧客に価値を提供しない，ムダと考えられるすべてを除外し，プログラムとテストという 2 種類のソフトウェアだけを構築する（最小限の成果物），という 3 つの最小化の手法である．

アジャイル開発は変化を受容する．ソフトウェア開発プロジェクトにおいては，すべての要求を初期に決定することは不可能である．顧客の要求はプロジェクトが進むにつれ明確になり，顧客が進行中の成果物を使っていくことで発展していく．そういった変化は開発プロセスにおいて至って当り前だと考えられる．

1.2.2 技術的な原則

アジャイル開発を実施するということは，継続的なイテレーションによる反復的な開発プロセスを採用するということである．各イテレーションは数週間と非常に短いが，たとえ部分的であっても，顧客の代表者の反応を確認するために実行可能なソフトウェアをリリースし，次のイテレーションの方針を立てる．スクラムでは，イテレーション中は機能を変更しないという重要なルールが導入されている．例えば，開発中に新しい機能のアイ

デアがうかんだとしても，次のイテレーションが始まるまで，着手してはいけないのである．

テストを最優先とすることは，アジャイル開発が品質に注目していることを表している．この原則は次の2つのことを意味し，両方とも，補足的な原則として考慮してもよいほどに重要である．

- 現在のテストが通るまで，新しい開発を始めるべきではない．このルールは，品質に対して厳密な手法と，バグの修正に対して妥協しないということを反映している．
- テストファースト．XPの中で導入されたこの原則は，テストコードがなければ，そのコードを書くべきではないということを意味する．この考えにより，アジャイル開発においては，まずテストが要求や仕様の代わりとなりうる．後の章で説明するが，テスト駆動開発の原則は，この考えをより一層，取り入れたものである．

最後の原則は，機能を定義するためにユーザストーリーを利用するというものであり，これも要求仕様の役割を担っている．シナリオとは，ユーザとシステムの特定のやり取りを記述したものである．例えば，携帯電話のソフトウェアを構築しているとして，呼び出し側が電話番号を入力してから，その二者の回線が切断されるまでのようなものである．

「シナリオ」とは，アジャイル開発における共通の単語ではないが，その粒度の違いに応じてユースケースや，ユーザストーリーと呼ばれるものを含んだ概念である．ユースケースとは，ユーザとシステムの完全なやりとりであり，ユーザストーリーとはアプリケーションの機能の小さな要素を表すものである．シナリオは顧客から獲得するものであり，シナリオはユーザの観点から見たシステムが持つべき機能の基本的な特性を表すものである．シナリオ（一般的には，ユーザストーリーとして）の収集は，要求に対する主要なアジャイル開発の技術であり，次の2つの点において，これまでの要求獲得手法とは異なるものである．

- シナリオはただの一例であり，要求とは異なり，完全性に対して主張することはできない．シナリオの集合は，どんなに数多く集めたとしても，ゴールの獲得に決して近づくことはなく，同様に，どんなに数多くのプログラムのテストを記述しても，仕様の代わりにはならない．
- アジャイル開発においては，要求はプロジェクトの開発の最初に収集されるのではないが，開発が進む中で常に収集されるものである．しかし，アジャイルの文献が，

ウォーターフォール型の手法を強く非難するほど，その差は絶対的なものではないことに注意しなければならない．従来のソフトウェア工学の視点では，要求を特定のライフサイクルとして提示している．アジャイルの文献の著者の想像とは異なり，開発プロセスの初期に出現するが，残りのライフサイクルにおいて，要求を常に更新することを排除するものではないのである．

第4章では，組織，および，技術的なアジャイルの原則について，より詳細に扱う．

1.3 役割

アジャイル開発では，ソフトウェアプロジェクトの様々な参加者に対して役割を定義している．

---- 主要なアジャイルの役割 ----
1 チーム
2 プロダクトオーナー
3 スクラムマスター
4 顧客

最も重要な役割はチームである．チームとは，開発者，顧客代表などから構成される自己組織化された集団であり，開発のためのタスクを個々のメンバーに対して割り当てる責任を持つ．

アジャイル開発の中では，スクラムが従来の管理者が持っていた権限を持つ新しい役割を明確に定義している．開発中のプロダクトの機能の定義は，プロダクトオーナーの責任であり，機能の変更を決定する権限も持っている．ただし，進行中のスプリント（開発イテレーション）の機能を変更することはできない．

スクラムでは，コーチ，メンター，グル，エバンジェリストといった従来の管理者の責務のために，スクラムマスターという特別な役割を定義している．ただし，スクラムマスターは，プロジェクトオーナーではないことに注意してほしい．

すべてのアジャイル開発では，顧客を巻き込むことを共通して強調している．明示的なプロジェクトの役割として顧客を定義することは，事前の要求分析を拒絶し，一般的にド

キュメントを信用しないアジャイルの姿勢の表れと言える．アジャイルソフトウェア開発宣言で言われているように，契約交渉よりも顧客との強調に価値を置いているのである．

　紙面に要求を表現する代わりに，プロジェクトに顧客が直接参加するのである．少なくとも初期の時点では，XP は，本格的なプロジェクトメンバーとして顧客が参加することを規定している．このプラクティスは，簡単に明言することが可能なのであるが，検討しなければならない問題も発生する．ここまで徹底しなかったとしても，すべてのアジャイルなプロジェクトは顧客に重要な役割を与えるのである．

　第 5 章で，ここで紹介したものも含めアジャイル開発の役割について詳細に述べる．

1.4　プラクティス

　ここまでに述べた原則を守った開発を実現するために，アジャイル開発では，一連のプラクティスを奨励している．それぞれの項目については，後の章において，再度，取り上げるが，以下に主要なプラクティスを示す．

主要なアジャイルのプラクティス

組織

1　デイリーミーティング（朝会）
2　計画ゲーム，プランニングポーカー
3　継続的インテグレーション
4　振り返り
5　コードの共同所有

技術

6　テスト駆動開発
7　リファクタリング
8　ペアプログラミング
9　動作する最も簡単な解
10　コーディング標準

1.4.1　組織的プラクティス

　すべてのアジャイル開発では，頻繁に対面で交流することを推奨している．しかし，スクラムでは，業務日の最初に開かれるデイリースクラムと呼ばれる日次のミーティングを特別に規定している．このミーティングは短くしなければならず，15分が標準的である．この時間制約は，ミーティングの目的を明確に限定しているため，典型的な2〜12人の集団であれば達成可能である．このミーティングでは，各チームメンバーは「前日に何をしたか？」「今日，何をする予定なのか？」「直面している障害は何か？」という3つの質問に対して答えるだけである．

　容易ではない障害を解決するなど，その他の議論は，このミーティングとは別に設定しなければならない．このデイリーミーティングは，基本的なやり方では，メンバーが一拠点で仕事をするチームにしか適用することはできないが，チームの団結力を高め，メンバーが何をしているかを知り，問題を早めに把握するために役立つ．

　どのようなソフトウェア開発プロジェクトにおいても，計画，特にデリバリーの時期や機能の見積りの問題に直面する．アジャイル開発では，計画ゲーム (XP) や，プランニングポーカー（スクラム）が考案されている．両方ともグループで行う見積り手法であり，初期の見積りを各参加者に独立して実施してもらい，お互いの見積りを検証し，共通認識が得られるまで，この作業を繰り返すというものである．

　継続的インテグレーションの概念はより説得力がある．10年，20年前は，ソフトウェアプロジェクトをサブプロジェクトに分割することは珍しくなく，数か月やそれ以上の間隔でしかサブプロジェクトを統合しようとしていなかった．これは非常に恐ろしい方法である．サブシステムを統合しようとした際に，それぞれがバラバラの仮定に成り立っており，サブシステムを書き直さなければならないことに気づくということがしばしば発生する．近代的な開発のプラクティスでは，数週間を超えない間隔で頻繁にインテグレーションを実施することを求めている．アジャイル開発もこの原則を適用しており，実際に1日に数回の統合を推奨している手法も存在する．

　次のアジャイルなプラクティスは振り返りである．振り返りは，チームの開発プロセスを改善することを目的とし，開発イテレーションを完了したチームが，経験と学びを以降の開発へ反映するための時間である．

　多くの組織では，様々なソフトウェアコンポーネントがそれぞれ特定の開発者に"所有"

されている.ここで所有しているとは,法的な意味合いのことではなく,そのソフトウェアコンポーネントにどのような変更を加え,どのような変更は加えるべきではないのかを最終的に決定するという意味である.

アジャイル開発では,コードの共同所有を推奨している.つまり,チームのメンバー全員は,すべてのコードの責任を有しているのである.これは,個人への不当な依存を避け,すべてのチームメンバーがプロダクトに関係していることを強調し,システムの複数の領域にまたがる変更や新規開発の際に,領域争いを避けることが目的である.

1.4.2 技術的プラクティス

テスト駆動開発は「テストファースト」の概念を反映したプラクティスである.このプラクティスでは次のことを繰り返し適用する.

- 新しい機能に該当するテストを書く
- プログラムを実行するが,この機能は新しいため,テストをパスしないことを確認する
- プログラムを修正する
- 再度プログラムを実行し,そのテスト(いかなる回帰も防ぐため,すべての他のテストも含めて)がパスするまで修正を繰り返す
- 設計が一貫性を保つことを確認するため,次で議論するように,コードを確認し,リファクタリングを実施する

この手順を,はじめ(プログラムは空なので,いかなる重要なテストでも失敗する)から適用し,それ以降も繰り返すというこの一連のステップが,XPにおけるソフトウェア開発の中心的な流れである.

リファクタリングは,設計や実装を批判的に検証し,その一貫性の改善のために必要な変更を適用するプロセスである.標準的なリファクタリングのパターン[40]がある.例えば,オブジェクト指向プログラミングであれば,クラスの機能(フィールドやメソッド)を,継承階層の上部または下部に,あるいは,概念的により良く適合する別のクラスに,移動させるといったものである.テスト駆動開発を実施する場合は,特にリファクタリングが必要となる.新しいテストを書くたびに,コードに要素を追加するだけでは,乱雑でその場しのぎの構造をプログラムになってしまう.リファクタリングは綺麗な設計を保つために必要である.アジャイル開発では,大掛かりな事前の要求作業を行わない代わりに,

シナリオとテストを作成し，大掛かりな事前の設計作業を行わない代わりに，リファクタリングを行うのである．

ペアプログラミングは，XP によって特に推奨されている．このプラクティスでは，開発環境を 2 人で共有して，次の手順で開発を進める．1 人はキーボードとマウスを操作しながら，自分の考え方を説明する．もう一方は，コメントしたり，指摘したり，新しい提案をする．パイロットと管制官のメタファーは，そのプロセスを説明するためによく使われる．その目的は，起こりうるミスをその発生源で捉えることである．パイロットは何を考えているか大きな声で説明しなければならないので，何か間違いがあればすぐに気付くだろうし，自身で気付かなくても，管制官がパイロットの作業を理解しようとするため，その間違いに気付くだろう．XP は，体系的かつ普遍的に適用できる，唯一の開発手法としてペアプログラミングを紹介しているが，その他のアジャイル開発においては，あまり明確に言及されることはない．

XP はまた，動作する最も簡単な解決を利用するというプラクティスを世に広めた．最小限主義的な規律の適用は，特に「望まれたプロダクトのみ生産すること」において，早期に登場している．これは，ソフトウェア工学の規律，特にオブジェクト指向開発の規律，では一般的に勧められるだろう．アジャイルの観点では，ソフトウェアを拡張可能にする，あるいは，再利用可能にしようとすることは幻想だと考える．なぜならば，我々は再利用する必要がないだろうし，ソフトウェアの拡張されるべき方向を前もって知ることはできないからである．最小限主義に従うことで，このような無駄な作業を避けることができる．

最後に，アジャイル開発では，コーディング規約の利用を推奨する．この規約は，チームが生産するすべてのコードに適用すべき規則が定義される．

1.5 ツール

アジャイル開発を適用するためには，いくつかのツールの支援が必要となる．例えば，ユーザストーリーといった概念的なものもあれば，そのストーリーを書くために使われるストーリーカードといった，物理的なものもある．

1.5 ツール

重要なアジャイルのツール

概念的

1　ユースケース，ユーザストーリー
2　バーンダウンチャート

物理的

3　ストーリーカード
4　ストーリーボード
5　オープンルーム

1.5.1 概念的なツール

ユースケースと特にユーザストーリーは，システムとユーザのやりとりを表現するシナリオである．ユースケースは，アジャイルより前に，イヴァー・ヤコブソンの本で有名になった．ユーザストーリーは，アジャイルの流れの中で世の中に広まった．この2つの違いはその粒度にある．ユースケースはシステムに関するすべての操作を網羅する．例えば，電子商取引サイトでプロダクトを閲覧することから，注文を完了するまでを表現する．ユーザストーリーは，ユーザが期待するより小さい単位の機能である．例えば，以下のようなものである．

「顧客として，自分の最近の注文のリストを見たい．なぜなら，ある企業に対する自分の購入を追跡するためである」

バーンダウンチャートは，プロジェクトのベロシティ[4]の記録である．そのプロジェクトにおいて，タスクの一覧をどのくらい早く処理するかを示すものである．このチャートでは，時間（この例では，イテレーションにおけるある日程に至るまで）に対して，未実装なタスクの数[5]が表現される．

もし，イテレーション中にタスクの一覧が固定で，完了したタスクを再び未完了と変更しなければ，その曲線は増加することはない．ベロシティは，履行されたタスクの数であ

---

[4] （訳注）ベロシティはイテレーションごとの生産性を意味することが一般的であるが，ここでは，イテレーション内の進捗状況という意味で使われている．
[5] （訳注）一般的には，タスクの数ではなく，残タスクの見積時間をプロットする．

第 1 章 概要

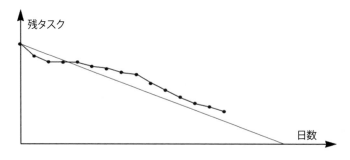

図 1.3 バーンダウンチャート

り，実線は，ベロシティが一定の場合の直線を示している．バーンダウンチャートが，直線を下回るところでは，プロジェクトは期待より早く進行しており，上回るところではより遅く進行している．バーンダウンチャートを管理することで，チームにプロジェクトの進捗を意識させ，十分な早さでタスクが処理できていないときに注意を促すことができる．

1.5.2 物質的なツール

残りのツールは，標準的には，物質的なものである．しかしながら，それらのいずれに対しても，様々な企業やオープンソースプロジェクトが，部分的，あるいは，すべての要素を提供するソフトウェアを提供されている．

ストーリーカードは，ユーザストーリーを書き下すために使われる紙のカードである（アジャイル信奉者はサイズを規定さえする：5 分の 3 インチ，おそらくは，メートル法の地域では現地の形式に適応されるだろう）．ストーリーカードは，ストーリーボードに留められることを意図されており，たくさんのカードを貼れるようにボードは大きい．チームはストーリーカードをカテゴリに分類するために，ボードのあちこちにそれらを移す．

ストーリーボードは，プロジェクトの進捗を示すバーンダウンチャートを補完するタスクボードとして利用される．そのストーリーボードの付箋が個々のタスクを表現し，作業が完了すると，チームはそれらを右側へ移していく．

アジャイル開発では，プログラマーが働くオフィスの物理的なレイアウトに対しても指針を示している．閉じられたオフィスよりはむしろ，チームメンバー同士が常にやり取りをすることが可能となるオープンルームを設置すべきである．

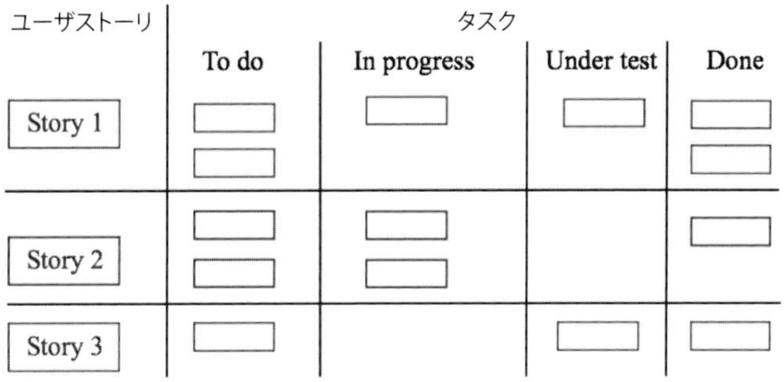

図 1.4　タスクボード

1.6　概評

　ここでは，アジャイルの取組みに対する賛否（利点，誇張，難点）に関して，詳細な分析を行うことはできない．詳細な分析は，最後の章に記載することとする．しかし，最初の切り口は示そうと思う．

　この章では外観のみを示し，アジャイル開発の包括的な評価はアジャイル開発を学んだ後に検討する，ということを忘れないでほしい．

　サミュエル・ジョンソン (Samuel Johnson) は，ある野心的な筆者にこう言及している．

　あなたの仕事には，新しさも良さもある．しかし，新しいことは良くなく，良いことは新しくない．

　この文言（明らかに出所が怪しいが[6]）に基づいて，アジャイルの考えを，新しさと良さの 2 軸で，4 つに有効な分類する．ここでは，それぞれの分類において，いくつかの例を考えてみる．

1.6.1　新しくも良くもない

　アジャイル開発における要求の扱いは，ユーザのシステムのやりとりであるユーザストーリーに基づく．ユースケースのようなユーザストーリーは，ある機能がユーザにとっ

---

[6] 参考：www.samueljohnson.com/apocryph.html

ての最も一般的なシナリオを網羅するか確認し，要求の妥当性を検証するのに有益なツールである．しかし，要求を定義するためのツールとして，ユーザストーリーは適切でない．なぜならば，それらはシステムの実行例を記載するのみだからである．要求として扱うべきタスクは，それらは考えられる可能性の断片を網羅するのみの個々の例を超え，システムのより一般的な機能を識別することである．もしこの一般化と抽象化のステップを行わなければ，いくつかのこととユーザストーリーで表現されたこと以外ほとんど利用できないシステムとなってしまうだろう．

ソフトウェアシステム（例えば，Web アプリケーション）を利用する際に，非常に不自由な思いをしたことはないだろうか？ デザイナーがその最大の英知を結集して計画したシナリオから逸脱すると，非常に使いにくくなってしまうのである．この種のシステムは，ユースケースやユーザシナリオのみを用いて要求を分析したことが直接的な原因である．

良い要求は，より抽象的な仕様を目指し，多くの異なるシナリオを内包し柔軟で拡張可能なアプリケーションの開発を支援するのである．

1.6.2　新しいが良くない

ペアプログラミングは XP によって導入されたプラクティスである．意図を持ってペアプログラミングを適用すれば効果的な技術となりうるので，「良くないもの」として特徴付けることは言い過ぎであるが，必ずペアプログラミングをするべきという XP の主張は，概念的にその価値を説明することは難しい．なぜならば，各プログラマーの個性を無視しており（ある素晴らしい開発者は一人で集中するのを好み，ペアを組まされることに腹を立てるだろう），実際には，コードレビュー[7]といった他の古典的な技術より勝るとは限らないことが研究により示されているからである．

ペアプログラミングを試みた多くのプロジェクトでは，しばらくたって，その利用を中止している．そのため，ペアプログラミングはある程度で民俗伝承として捨て去られてしまうかもしれない．もっとアジャイル開発の悪影響があるものは，上記の原則 4 として述べた，最小限のソフトウェアを開発することである．原則 4.2（求められたプロダクトのみを生産する）と原則 4.3（コードとテストのみを開発）は，プログラマー完全主義と戦い，本質的なことのみに着目し，早急に結果を確認するための方法として，経験の浅いプロジェクトマネージャーには魅力的に映るかもしれない．しかし，ソフトウェア工学の観

---

[7] コードレビューもまた検査として知られている．

点から見れば，それらは良い方法ではない．なぜならば，拡張と再利用を容易に実現するためにコードを一般化することや，何度も実行する作業を自動化するツールを開発するといった，ソフトウェア工学において，非常にうまくいくと証明されてきたやりかたを排除しようとするものであるからだ．リーンソフトウェア開発の言葉で言えば，そういった作業の成果は，顧客に価値を提供しないので，「無駄」であると見なす．実際は，適切に利用した際には，企業のソフトウェアプロセスの継続的な改善と専門的なソフトウェア開発の重要な要素となる．

さらに悪いことは，事前に要求を分析することを否定することである．要求は変わり，最初に捉えることはとにかく難しいという基本的な考え方は間違っていない．しかし，事前に要求分析をすることが無用であるという革新的なことを意味しているわけではないのである．意味するところは，ソフトウェアプロセスのすべての他の要素と同様に，要求も変更される対象であるべきであるということである．この点は，多くのソフトウェア工学の文献によって指摘されており，この主張はこれからも有効なものである．不幸にも，近年の多くのプロジェクトは，体系的な要求フェーズを省略し，アジャイルで推奨されるように，その場の顧客とのやり取りを手助けに反復的にシステムを進化させることによって対応しようとしてきた．その結果は，（予想通りに）期待外れなことになってしまい，プロジェクトが遅延してしまうことが多い．なぜならば，結局のところ，形は別として要求を獲得することになるのだが，そのタイミングがライフサイクルにおいて遅すぎるのである．その時点では，すでに構築されている機能も存在し，それが不要であれば，その機能を捨てさらなければならないのである．

このアジャイル開発の主張は，無責任で，重要なソフトウェアプロジェクトではこれに従ってはいけない．初期において要求を収集し，設計に入る前に暫定版として策定し，プロジェクトの中でフィードバックを受け，動的な要素として要求を扱うことこそが，健全な方法なのである．

1.6.3　新しくないが良い

アジャイルの文献には，魅力的だが未熟な品質のものが存在する．この手法は非常に独特で，空前絶後のアイデアだと声高に主張するのである．しかしながら，従来のソフトウェア工学に対して痛烈に攻撃するにもかかわらず，実際には，いくつかのアジャイル開発の生産的な考えは，標準的なソフトウェア工学の文献において長く提唱されているものであったりするのである．それは，共和党候補に対して「リベラル！」と叫ぶように，

「ウォーターフォール」と決めつけることである．本書ではこのような例を紹介していくが，ここではまず2つ紹介しよう．

1つ目は反復開発である．産業界においては，数か月間独立して開発を進め，それからすべての要素を1つにしようとする古いモデルは大失敗する方法であることを1980年代には理解していたのである．クズマーノ(Cusumano)とセルビー(Selby)による1995年の本（まさしくニューヨークタイムズのベストセラー）[31]は，Microsoftの「デイリービルド」について公表した．このプラクティスは，名前が示すとおり，毎日動作するバージョンを生産することをプロジェクトに要求するものである．Webの進歩は，この流行を強めた：Googleのツールや多くの他のクラウドを基にするアプリケーションは，しばしば公式に発表されたリリースプロセスとは別に，頻繁に更新される．アジャイル開発は，ソフトウェア産業の理念として，頻繁にリリースすることを広めることには貢献したが，アジャイル開発が，頻繁にリリースすることを初めて提唱したのではないのである．

もう1つは，変更がソフトウェアにおいて重要な役割であると認識させたことである．良いソフトウェア工学の文献では，この点を長きにわたって強調してきた．ソフトウェア界に旋風を巻き起こしてきたオブジェクト指向技術は，大きな成果である．なぜならば，以前のソフトウェア構成技術よりも，よりうまく変更を支援することができるからである．アジャイル開発は，体系的なプラクティスを通してソフトウェアにおける変更ということを強調しているかもしれないが，この分野において技術的な貢献はないのである．アジャイルにおいては，拡張性を高めるために事前に工夫することをよしとしていないため，我々から見る限り，アジャイル開発の手法のいくつかは，実際にはソフトウェアに対する変更を難しくさせてしまうものもあるように思われる．

1.6.4 新しく良い！

ここまでの評価で，XPや，リーンソフトウェア開発も含めてアジャイルな考え方のすべてを捨ててしまおうと思わないでほしい．驚く程よい要素もあるのである．最初の主たる貢献はチームへの権限移譲である．チームをソフトウェア開発の中心として捉え，従来の管理が担っていた責任の多くをチームが担うべきだという主張は，優秀な人たちが推進するどのようなソフトウェアプロジェクトにとっても有益である．

まず，愚かなように見えるアジャイル開発の管理プラクティスの中には，実際にはプロジェクトの成功に驚くほど効果を示すものも存在する．最も意義のあることの一つは，スクラムのデイリーミーティングである．プログラマーのやり取りを補強し，皆に毎朝，彼

が何をしてきて，次に何をし，どんな障害に直面しているか，説明させることは素晴らしい考えである．ある種のコロンブスの卵のような洞察は，自分でも思いつくと感じるかもしれない（おそらく，実践することはできなかっただろう）が，少なくともそれを実践すると，すべてのチームが分散せず，一つの場所にいるときに，本当の力を発揮する．

特に興味深い考えは，イテレーションの間は要求を変更しないことである．アジャイル開発でさえ変更はいつでも歓迎されるわけではない（なんとアジャイルソフトウェア開発宣言で明言されている）ということを主張しており，要求の変更を大きく妨げずに，ソフトウェアプロセスを安定させたものにすることができる．要求の変更は拒否さるのではなく，単に遅延されるだけであり，アジャイルのイテレーションは短いので一般的にはそれほど長く遅延されることはないのである．

タイムボックスという考え方に基づいたイテレーションは，特に計画プロセスにおいて非現実的な約束を避けることができ，生産的なプラクティスである．

技術的な立場から見ると，アジャイル開発の主たる成果は，テスト，特に，回帰テストの実践的な重要性を確立したことである．回帰テストの考え自体は昔からあるものであるが，アジャイル開発により，回帰テストがプロジェクトの鍵であることが分かったのである．プロジェクトがテスト駆動開発を適用するしないに限らず，多くの作業は回帰テストに基づいて構成されるべきであり，重要なテストがパスしない限り新しい機能に着手してはならない．非常に素晴らしいアジャイルの側面を学び，プロ意識を持ち，品質に重きをおいてほしい．

同様のことは「良いが新しくない」で示した考えにも当てはまる．これらのものは，過去に発案者が精力的に主張してきたものであり，アジャイル開発が発案したものではないとしても，アジャイル開発の潮流によって，ソフトウェア産業において効果的に広まったのである．例えば，次の2つのような概念が広まったのである．

- 短いイテレーション: 素晴らしい企業では長い間反復開発を実践してきたが，アジャイル開発によって，このプラクティスが広く受け入れられるようになったことに感謝している．
- コード主義: 繰り返すが，これは新しい考え方ではない．アジャイルの潮流により，我々の第1のプロダクトは，図でも書類でもなく，コードであるということを皆に思い起こさせる手助けとなった．

第1章 概要

　　アジャイルは横柄にもソフトウェア工学を非難するが，アジャイルがこれらの原則を強調し広めることにより，数十年にわたって蓄積された大きな英知であるソフトウェア工学の最良の成果に導いたのである．一過性の暴挙に注目することは別として，これが，この分野が成熟した際に，段階的に既存の概念の理解を改善し，貴重ないくつかの新しい洞察を導入する自称アジャイル革命に至る方法なのである．

第 2 章

アジャイルの文献の分析

第 2 章 アジャイルの文献の分析

アジャイルの文献では，さまざまなトリックを用いて，世界を変革しようとしているが，中には知性に欠けている手法が利用されることもある．アジャイルに対する詳細な調査の前に，そのトリックを知り，それを通して何を実現しようとしているかを見極めることが必要である．まず，典型的な例から紹介した上で，その詳細について検討する．

2.1 巡礼者の苦境

アジャイルの世界で広く使われ引用されている重要なアジャイルに関する書籍の一つであるコーンの *Succeeding with Agile*[29] で使われている例を紹介しよう．Corn は経験を積んだコンサルタントであり，アジャイルの潮流の主要な人物の 1 人である．本章でまず引用する以下の文章では，「ドキュメントよりも口頭のコミュニケーションが優れている」ことを説明している．

> 要求について壮大な神話がある．「要求を記述すれば，ユーザが何をしたいのか正確に分かるだろう」というものである．それは正しくない．せいぜい，ユーザは記述されたことが正確に分かる程度だろう．しかし，それらが本当にやりたいことかどうかは分からないのだ．
> 「書き言葉は誤解を生む」というものもある．つまり，書き言葉は，その言葉以上に詳細に見えてしまうということである．例えば，先日，私は 3 日間の公開講座を開設したかった．助手と私はこれについて議論し，彼女に「デンバーのハイヤットホテルを予約してください」とメールを送信し，その日付を彼女に再確認した．翌日，彼女は私に「ホテルは予約されています」とメールを送ってきた．「ありがとう」と返信し，私の注意は他のことに移った．
> 約 1 週間後，彼女は「ご所望の日程ではホテルは予約されています．他に何か致しましょうか？ デンバーの他のホテルを予約してみますか？ 別の週か，別の都市にしますか？」というメールを送信してきた．私たちは「予約された」という言葉について完全に誤解したままやりとりをしてしまったのである．彼女が「ホテルは予約されています」と伝えてきたとき，「ハイヤットホテルで私たちがいつも利用する部屋はすでに取られていた」ということを意味していた．私が「ホテルは予約されています」という文章を読んだとき，私がリクエストしたように彼女がホテルを予約した

> 確認の意味として受け取ったのである．私たちのいずれもそのやりとりで間違ったことはしていない．特に書き言葉を用いた場合には，いかに簡単に誤解したやりとりが発生しうるかを示す例なのである．メールではなく，話していたならば，彼女が私に「**ホテルは予約されています**」と伝えたときに，彼女に感謝の意を示していただろう．そして，私の喜ばしい声の調子に彼女は疑問を感じ，誤解していることに気づくことができたであろう．
> この問題以外にも，ドキュメントより口頭のコミュニケーションを好む理由がある．

逸話と一般化についての私の考えについて述べようと思うが，ページをめくる前に，少し時間をとって，あなたの自身の意見を整理してみてほしい．そのほうが，より興味深くここからの議論を読み進められるだろう．

2.1.1 逸話による証明

2つの所見から始める．1つは直接的であるが，もう1つはあまり明確でない．

- 口頭で議論することは，セミナー発表（おそらくその言葉の起源）には適しているだろう．真剣な読者は無意識に否定するくらい，文書化することは似つかわしくない．別の言い方をすると，口頭でのやりとりでは気付かない不合理さが書くことにより明確になるので，書くこと自体がその記述の内容に対する素晴らしい反論となるのである．
- 意図した教訓が無意味であったとしても，逸話に含まれる素晴らしい知恵を軽視すべきではない．たとえ，その知恵が筆者が重点を置いていないとしてもである．

意図的な主張から始めてみよう．まず最初の問題は，議論が，論理の形に従っている，つまり，逸話による証明となっていることである．これは，心配なことにソフトウェアの文献（特にアジャイルな文献も含めて）においてもよく利用される．しかし，逸話は証拠ではないのである．序論で見たように，逸話が証明できるすべてを集めても，一般化することはできないということである．本当は主張でさえないのだが，主張を支えられるとすれば，一般化されるに十分な証拠によって支持されている場合だけである．ここで，メールをしくじり，口頭でのコミュニケーションを避けたホテルの予約の話にとって，正反対の真実を示す同様に興味深い逸話もある．例えば，将来の妻をデートに誘おうとしたときがそうだった．電話で言えたのだ．だが…詳細はここではやめておこう．なぜなら，まず，私の愛のある人生に興味はないだろうし，何よりも，私が伝えたい要点は理解してい

第 2 章 アジャイルの文献の分析

るはずだから.

他の実際の逸話を紹介しよう.ソフトウェアに関連するものである.最近,プロジェクトにおいて,ある開発者が不在で発見し修正するのに 2 週間もかかったバグがあった.ときどきプログラムが終了しないことがあったのである.コードは,循環するデータ構造においてその開発者のルーチンの一つを呼び出すことがあることが分かった.そのルーチンでは,データ構造が循環しない仮定のもと,そのデータ構造を走査し,その仮定が崩れたためループしてしまったのである.その開発者からの返事では,何が起きているか気付いたが,データ構造が循環してはいけないという仮定を「皆が知っている」と述べていた.おそらく,皆以外がその仮定を忘れたのだろう.まだ,少なくとも一人が覚えていたのは,そのプロジェクトにとって幸いだった.いくつかのプログラミング言語でできるように,明確な事前条件を,require structure . is_acyclic [1]とコードに書いておくことには意味がなかったとしても,簡単にこの仮定をどこかに書き留めておけば,おそらくそのバグと時間の無駄を避けることができ,もっとよかったであろう.

この逸話は,ホテル予約の誤解の逸話よりも,ソフトウェア工学における口頭の議論に関する事実に関連していると思うが,賛同しない人もいるだろう.しかし,そのどちらも何も証明することはできないのである.

口頭でのコミュニケーションと,記述された仕様の優劣に関する逸話を使うと,互いに説得させることはできないが,永遠に主張し続けることができる逸話は単なる逸話なのである.ポール・デュボア (Paul Dubois) は,逸話について次のような逸話を残している.第二次世界大戦で軍隊は,部隊が新しいライフルで直ちに訓練したほうがよいか,または旧式のモデルから始めて違いを説明したほうがよいか,について研究するよう次世代の心理学教授に依頼した.そして,教授は研究した.ある会議で,ある将軍は,「歩けるようになる前にハイハイせよ」と指示を出す.別の将軍は,「競馬に出場するつもりで馬に乗れ」と反対のことを言う.議論は格言の戦争へと発展し,次の決定が下された.誰もその研究について尋ねてはならない.幸いにも,その結論は問題とならなかった.

コーンの話が**証明**できることは,彼は自身より良い助手は存在しないと気付くべきであるということである.彼の「我々のどちらも,このやりとりで何も間違ったことをしなかった」という主張に反するが,最初のメールの返信に,「それで,私は何をすればよろしいでしょうか?」と書かなかったことは間違いである.しかしながら,そのような誤りは,

---

[1] (訳注) Eiffel の Design by Contract の記法で,構造が非循環であると表現したもの.

書面によるコミュニケーションでも同様に口頭でも起こりうるのである．

2.1.2　書くことが話すことに勝るとき

結局のところ焦点であるソフトウェアプロジェクトの場合では，少なくとも要求の一部を書き留めていることには多くの理由がある．

- 話し言葉はご存知のとおり，書面の要求よりはるかに曖昧である．要求が「書面に書かれたものは，その言葉以上に詳細に見える」と嘆くならば，結論は，より正確な形の要求が必要であるということである．つまり，筆者が提案しているものではないかもしれないが，形式（数学的）仕様の必要性を意味するかもしれない．
- 非常に多くの口頭での要求や設計の議論が，「この結果を書き出してください」で締め括られることからも，口頭でのコミュニケーションにおいて精度を達成することが難しいことが分かるであろう．つまり，責任を持った人は，紙面に記述された要求を見ずに，最終判決を下すことはできないのである．
- 今日の多くのプロジェクトには，異なる背景と特に異なるアクセントの人たちが関係する．例えば，ドイツとインドのチーム間でのSkypeでの議論を考えてみると，両方とも英語を話し，お互いを信用していたとしても，相手が言おうとしていることの詳細を理解することは，非常に難しい．繰り返すが，たいていの場合は「この内容をメールして」という結論になってしまうのである．人々は書き言葉でも間違うことはあるが，全員が同じように理解する共通言語のサブセットを使うように指定することは，書き言葉のほうがずっと容易である．
- 口頭での議論は，出席した者だけが知ることができる．書面による記述は，口頭での同意決定のように温かく曖昧な感じはないが，多くの人に通知することができる．顧客企業の代表者と話すとき，その代表者がシステムの性質を特定する専門知識や権限を持っているのか，単に個人的な好みを述べているかを，ソフトウェア開発者が把握していない場合がしばしばある．企業環境に，多くの関係者と多くの視点があり，最後に聞いた人の話を鵜呑みにすることは危険である．書き留められたものは，多くのステークホルダーによって確認してもらうことができる．ステークホルダーは，部分的または見方の偏った観点を反映した要求を見て，手遅れになる前に，警告してくれるだろう．
- ソフトウェアプロジェクトに人々は定着しない．要求の要素を記述する利点の一つは，

会話の文脈を超えて存在できることである．6 か月ほどたつとなぜ特定の決定がなされたのか誰も覚えておらず，さらに悪い場合には，主要な参加者がもはや関わっていないということさえあるのである．

この議論はソフトウェアに関することに留まらない．口頭でやりとりされた要求が，記述されたものより本当に優れてるならば，ある種の工学は，設計仕様や計画のような使い古された技術は捨て去り，代わりに，技術者とステークホルダーとの間の頻繁なやりとりに基づくことができる．結局のところ，我々の先祖はそうやって，ピラミッドや大聖堂を構築したのであるから．しかし，家や橋，航空機や回路，そしてソフトウェアの建築者は，友好的なおしゃべりや握手のために立ち止まらないが，紙の上の仕様に委ね，あらゆる面でその結果を支持した結果として，近年の工学はより精密に実施することが可能となったのである．

ものごとを書き留めることで，すべての誤解の危険性を取り除くと主張しているのではない．しかし，話すことがその解決策となるのであれば，人類は書き言葉によるムダを排除できるであろう．

公園で遊びながら会話スキルを上達させることもできたにもかかわらず，小学校で読み書きを学ぶことに費やしたすべての時間は無駄となってしまうのである．

2.1.3 宝石の発見

その手法（逸話による証明）とその誇大表現は別として，たとえ主張しているものではないとしても，コーンの議論には 3 つのソフトウェア工学の教訓が含まれている．

「書面上の言葉は誤解されやすい——実体よりもより正確に見える」という所見は，正直な洞察である．書面の単語が持つ権威は，危険を産む可能性があるのである．書面，口頭に限らず，人間の言語は不誠実にあいまいである．要求におけるよく知られた例として，「システムはリアルタイムに応答するべきである」[9] という記述がある．この記述は結局のところ何も意味を持たないのである．10 秒後にくる応答は銀行端末にとってはリアルタイムであるが，ネットワークルーターにとっては長い時間である．しかし，代替手段は，口頭言語ではない．口頭言語は，もっと不正確である．

精度が目的なのであれば，代替手段は数学である．$answer.time - query.time <= 0.1$ という要求は，言葉の意味以上に詳細には見えたりはしない．それは正確に見え，正確な表現である．しかし，これはコーンが想定しているものではない．記述された要求は，そ

れが記述されてしまったために，過剰に厳しく捉えられてしまうことを危惧しているのである．これは妥当な心配であり，この文章から次の最初の意義深い教訓が生まれる書面として要求を表現したからといって，要求のすべてが明らかに定義されていると信じてはいけない．書かれたということは，詳細であることも，正しいということも意味しないのである．

大事なことは，この見解は解決策でなく問題を提示していることである．そして，もし存在するならばだが，解決策は口頭の単語に切り替えることではない．

2つ目の教訓は，コミュニケーションは難しいということである．コーンの文章やここでの議論を読む前から知っていただろうが，ソフトウェア開発においては，コミュニケーションは特に難しい課題なのである．

どんな巨大で大がかりなプロジェクトにおいても（そして多くの小さなもプロジェクトでもだが），コミュニケーションの問題は技術的な問題と同様に重要なものであり，もしリーダーが適切かつ積極的に対処しないと，プロジェクトが破綻しかねないのである．それらは地理的に分散したプロジェクトにとっては致命的である．その場合，たいていのコミュニケーションの問題は，距離や時差，チームメンバーの多様な母国語，アクセント，文化的背景により生み出されてしまうのである（非常に面白い話としては，インド人の技術者が録画した YouTube のビデオ [36] では，インドでの「はい」，「いいえ」や，うなずき方に対する様々な意味が説明されている）．

では，口頭でのコミュニケーションとは一体何なのだろうか？ここでの教訓は，書面による記述では十分でなく，様々なプロジェクトにおいて，ステークホルダーは言葉として発するべきであるということである（ここでのステークホルダーとは，顧客やユーザと同様に開発チームも含んでいる）．コーンは間違いなく，ドキュメントが問題のすべてとなるある種の厳しい環境を想定しているはずだ．ぴったりな例（今回は，ソフトウェア工学における歴史的事件であって，無名の逸話ではない）を見てみよう．1999年の NASA 火星探索機における125万ドルの損失は，すべてのレビューをすり抜けたソフトウェアエラー [7] に起因したものだった．NASA はあるメートル法のシステムを標準としていたが，ある業者はモジュールの一つに英国帝国単位（ヤード・ポンド法）を使った．そしてそれは，別のモジュールがメートル法だと解釈しうる測定結果を伝えてしまったのだ．この件に関しては，コーンの所見に同意する．ドキュメントは素晴らしいが，本質的で一見して明確な情報を見逃す可能性があるのである．こうした人たちはお互いに話し続けるべきであろう！

しかしながら，口頭によるコミュニケーションは，書かれたドキュメントに対する補足であり，代用にはなりえない．

2.1.4 アジャイルの文献：読者は気をつけて！

ここで紹介する例は，アジャイルの文献でよく目にする代表的なことであり，これらの例を分析することは，文献を適切に利用するために必要である．

> ここでの結論自身は，一例から一般化したものである．しかしながら，この一般化は妥当である．口頭やその他の形式にこだわらない形でのコミュニケーションを強調することは，アジャイル界隈では共通な考えであり，ここで引用する本に限ったことではない．例えば，アリステア・コックバーンはこう記している．「文字が打ち込まれ，紙媒体によるドキュメントは，利用可能な形式の中で，最も高価で時間のかかる上に，最も情報を伝達しないものである（ここでは，従来は最も頻繁にこの形式のドキュメントが必要だったことは気にしないでほしい）」．[21] そして，そのようなドキュメントが頻繁に求められたのにも理由がある．それは，体系的に組織化し，アーカイブ化し，検索できるからである．

> 代替手段の例としてコックバーンは，「設計の一つの章を設計者が説明するビデオテープ」を提案し，次のように述べている．「紙ナプキンは私のお気に入りのドキュメントの記述媒体である．紙ナプキンは壁に投げつけたり，スキャンすることができる」．確かにそうだが，重要なシステムの性質がどのように，どんな理由で決定されたかを調べるときには，何時間も録画されたビデオや，スキャンされた山積みの紙ナプキンをあさるよりも，文章を検索することが優れている．

アジャイルに関する文献の著者は，その読者を納得させる責務を負っているのである．読者を熱狂させることにより，複雑な問題を簡単にし，正当であるか否かにかかわらず，意思決定を促すのである．ソフトウェア工学，アジャイル開発が発展すれば，将来の書籍や記事はより高度な知的標準に沿ったものになるだろう（その課程において，より退屈なものになる可能性もあるが）．それまで，熱狂の誘惑に対して防衛線を保たなければならないのである．そして，たとえ，文献の結論が検討に値しない場合でも，偏見のない心を保ち，自分自身としての結論を出す用意をしなければならないのである．

2.2 よく使われる言葉のトリック7選

　まず，アジャイルの文献の著者が自身の手法を主張するために利用する文章の構造を整理してみよう．そうすれば，同じように疑わしい健全さのない他の手法を見極めることができるだろう．本書を読み進め，アジャイルの文献を調査するために，よく使われる7つの言葉のトリックを紹介しよう．これらは，アジャイルの文献に固有のものではないが，アジャイルの文献ではよく利用されているのである．

1. **逸話による証明**：本章で扱ったものである．逸話は1つであろうと，10個であろうと，証明ではない．
2. **連想による誹謗**：著者が批判したいものと，皆がひどく嫌うものを一括りにする．非アジャイルな考え方は，このように扱われる．
3. **脅迫**：保守的な統制中毒者として，アジャイルの考え方を一切受け入れないと見なす．
4. **天変地異説**：現在実施されてるソフトウェア開発を天災とみなし，アジャイル開発だけがそれを救えるとする．
5. **原理主義**：すべてを実践できない過激主義的な手法を推奨する．そして，プロジェクトが成功すればアジャイル開発の手柄とし，失敗すると，不完全に適用したことを問題とすることができる．
6. **言い訳**：極端な手法を主張した上で，脚注のように，いかなる場合にも適用できるわけではないと主張する．しかし，いつ適用すべきかについては詳細には言及しないのである．
7. **検証不可能な主張**：特にスクラムの文献では，継続的に様々な生産性の改善を行うよう示唆する [81]．誰もがプロジェクトを効率的にしたいと思っている．しかし，厳密に独立して検証できないのであれば，そのような主張は，魅力的な若々しい熱意の兆し，あるいは，破棄すべき無関係な誇大広告と見なすべきである（どちらとして見なすかは，その日の心の広さに依存するかもしれないが）．

　疑わしい言葉のトリックを利用しているからといって，そこで提案されている考えが間違っているわけではないが，読者は注意深く検討しなければならない．新しい考え方に対して，偏見を持たないことと，論理的な正しさを検証することとを両立する必要がある．

そのための第一歩は，ここで紹介した 7 つの言葉のトリックに気付くことである．

2.2.1 逸話による証明

　この章の始めで紹介したように，多くのアジャイルの文献では，逸話を用いて考えを主張している．

　逸話は，書籍にとって，そして，通常，教えるということにおいては良いものである．しかし，逆効果も生む可能性がある．一般的な主張の根拠として逸話が提示されたのであれば，著者の経験と合致しない逸話的経験を持った読者はその一般化を納得できないだろう．後の章で紹介するが，ポッペンディークは，目先のことに執着し結果的には不幸な選択をしてしまった逸話として，ランス・アームトロング (Lance Armstrong) を熱心に紹介している．

　同じくポッペンディークの文献 [56] から，ディズニーランドの残念なバスの運転手の話を紹介しよう．この運転手は，泣いている少女に気づき，ミッキーマウスの演者が少女に挨拶するように仕向けたのだ．この逸話は，品質の重要性を説明しようとしたものであろう．運転手が笑っていようがいまいが，子どもたちとディズニーランドに行ったことがあり，どこもかしこもひどく混雑している場所であり，一日の大半を列に並ぶことに費やしたことがある読者にとっては，これは良い表現ではないのである．明らかにソフトウェアに一般化したものには，素晴らしいインタフェースとひどい応答時間を特徴に持つ Web サイトである．読者に例えを提示すること自体はよいのだが，その例えを読者がどのように捉えるのかを注意しなければならない．

　逸話に関しての一般的な問題は，ソフトウェアにおいて言えば，テストと仕様の関係であるということである．テストは仕様の一例を提示するが，その具体例からどのくらい一般的な場合を推定できるかは決して分からないのである．

2.2.2 連想による誹謗

　あまり賞賛すべきことでないかもしれないが，アイデアを批判する効果的な方法は，そのアイデアを読者の心の中で，皆が嫌うものに関連づけてしまうことである．

　この技術を良い形で利用することは，とても素晴らしい．あなた自身のアイデアに対して楽しい感じを含意する名前を選び，対立するアイデア，または単に異なるものに対しても，聴衆にその正反対の感じを抱かせることを強要しない．これは，賞賛以外にない，賢いやり方である．この本の序論に記されているように，「アジャイル」という単語の選択は

素晴らしい．

しかし，悪い形で利用することは，別の問題が発生する．相いれないアイデアを，聴衆がひどく不快だと思いそうな用語や概念に，不適切に関連付けることである．ここで，アジャイルが軽蔑するのにお気に入りの対象は，皆が悪いものと考える「ウォーターフォール」プロセスである．しかしもちろん，皆ではないが，アジャイルのアイデアすべてには同意しない人は，1970年代型のウォーターフォールプロセスへの逆戻りを説き勧めるのである．実際，ほとんど誰もそれを実践しておらず，まったく誰もそれを支持しておらず．次の章では，第一線のアジャイル推進者が，アジャイルでない（予測に基づいた）取組みすべてを，予測の手法も，ウォーターフォールも問題があるとして，一括りにしている例を紹介しよう．これは安っぽい手法である．それに引っかからないでほしい．

2.2.3　脅迫

次の疑わしい主張の方法は，「アジャイル」という用語が醸し出す好ましい雰囲気と，アジャイルの潮流の格好の良さからくる一般的な良い感覚を利用して，アジャイルに疑問を投げかけるいかなる人に対しても，保守的な能無しと見なしてしまうことである．

スティーブ・デニング (Steve Denning) による2012年の『フォーブス』誌の記事 [34] は，客観的な観点から判断しようとして，まとめて批判している良い例である．そこでは，アジャイルに対する10個の管理手法に関する異論に対して，反論しようとしている．この著者は，前の世界銀行の頭取であり，フォーチュン500に名を連ねる顧客を数多く持つ，財界の第一人者である．

アジャイルが広まってくると，これは些細な問題ではない．神聖なる世界に疑問を持つ可能性のあるすべての人に対する痛烈な非難なのである．しかし，その非常に誇張された表現を見ると，向こう見ずにも自身で考えようとした場合に，予想される重要な確認項目が見えてくるのである．

新規性を拒絶するならば，非難されて議論にもならないだろう．デニングの論文は次のアインシュタイン (Einstein) の引用から始まる

> まずアイデアが不合理でないならば，それに望みはない．

このように使い古されたアインシュタインの引用を使うことは，主張が少しあやふやである場合には，良い方法である．Web上には多くのそのような記事があるが，その中には

第 2 章　アジャイルの文献の分析

信憑性のあるものもある．アインシュタインを否定してまで，我々は何かを成し遂げようとできるだろうか？

平凡で良しとしなさい．そのとおりである！

> アジャイルは，平凡を絞り出し，高性能を要求する手法である．階層的な官僚制度の下では，能力のない人たちを生み出し，平凡な人たちを糧にする．つまり，組織とはその仕組みによって機能しているのである．優秀さと平凡さの選択に迫られると，従来の管理は平凡さを選んでしまうのである．

ひどいことだ．一度，官僚，平凡，無能を歓迎するというこの現実を否定してもらいたい．

アインシュタインの名言は，何か正当化するために役に立つ．ここで利用される特別に知的なトリックは，「A ならば B」から「B ならば A」を推論するという誤った論理展開である．これはコロンブス症候群とも呼ばれるものである．クリストファー・コロンブス (Christopher Columnbus) は何か大きなことに気づいたにもかかわらず，人々は彼のプロジェクトを不合理だと考えた．同じように，あなたが私のアイデアをゴミだと考えるのだから，私は何か大きなことに気付いているはずだという論法である．

デニングの論文の主要な主張の一つは，コロンブス症候群の典型的な例である．4 段落以上を使って，18 世紀に，より良い時計を作ることで，正確に経度を測定する方法をジョン・ハリソ (John Harrison) が発見した話を回想している [84]．

> しかし，科学者たちは，自分たちが誤っていたことを認め，ジョン・ハリソンに受けるに値する名誉を与えることを嫌がったのである．

このことと，アジャイルにどんな関係があるか分からない？ だとしたら，あなたは平凡で，無能で，官僚なのだ！ デニングは次のように説明している．

> 同様のことが，アジャイルについても起きているように見える．

ここで，多くの人は，「専門家」は拒絶するものだと考えるだろう．専門家は間違っている場合もあるが，新しいアイデアを拒絶する権利を持っていることがしばしばあるのである．もし私が地球は平面であると主張しはじめたら，私は専門家たちによって軽蔑されるだろう．同様のことが起きるだろうし，私が受けるに値する名誉が得られなくなるだろう

（なんてスキャンダルなんだ！）．なぜ専門家が，アジャイルの場合は特に判断を間違ってしまうのだろうか？全く分からない．

　専門家が拒絶することも，言葉のトリックである．大義を守ろうとする人たちは，その敵を識別できれば，より心地良いのである．さもなくば，そのような敵がいなければ，作り上げるのである．しかしながら，アジャイルの場合，敵は親切とも言える．ソフトウェア工学の世界はアジャイルの考えに対して理解を持ち，そのトップ会議（OOPSLA や ICSE, ESEC 等）を含む一流の場においても広く共感しているのである．アジャイル技術を実践的に評価する重要な文献は，アジャイルの考えが登場してまもなく公開された [18]．その筆頭著者は，従来のソフトウェア工学の最も尊敬されている人物の一人であり，その取組みを偏見なく定量的に記述しているのである．変わることのない体制に直面した迫害されている革新者について話しているのではない．アジャイルの考えは，ソフトウェア工学と両立でき，歓迎されているのである．

　ベームとターナーが実施したように実践的な研究の成果の中で，あなたが，どのようにアジャイル開発が自身の組織の中で機能するかについて，客観的に実践的な分析をしたとして，それは役に立つのだろうか？その結果は関係はないだろう．もしアジャイル開発を試し，うまく機能しなかったとしたら，どんな結論を下すだろうか？ばかばかしい問いである．あなたが抱えているのは次のような問題なのである．

> 文化がアジャイルに適さないとき，解決策はアジャイルを拒絶することではない．解決策は，組織の文化を変えることである．階層的な官僚気質の企業のビジネスにおける結果を見るまでもなく，企業が致命的に問題を抱えていることが分かるだろう．

　残念ながら今回はアインシュタインではないが，他の言葉を引用してみよう．ブレヒト (Brecht) の次の言葉である．

> 民衆は政府からの信頼を失った．政府が，民衆を解散し，別な民衆を選ぶことは簡単だろうか？

　デニングの記事の他の部分と同様に，この主張には特定の証拠はないため，有用であれ愚かであれ，どのような革新的な考えをも支持するために利用できる．どのようにこの手法が信念に基づく主張に忍び込むのか気をつけてほしい．そのビジネス上の結果を見る必

要もないのである．このレベルの不合理さにおいて，我々がすべきことははっきりしない．ビジネス上の結果を見ないとすると，管理の技術について議論するポイントは何なのだろうか？

　もし，アジャイルの取組みの熱心な推進者でなければ，その名のとおり，時代遅れなのである．流行りの言葉で言えば，「コマンド・アンド・コントロールの集団の一員である」ということである．自己組織的で，革新的な管理を行い，部下という存在がないアジャイルなチームは，統制に熱心な管理の実践者であり，理論家なのである．この記述にぴったりな人は数人思い当たる．例えば，スティーブ・ジョブズ (Steve Jobs) だ．明らかにビジネス上の結果を見ることになってしまうのだが，彼の管理の効果を考えれば，彼は非効率的な管理者では決してなかったはずだ．彼の管理のスタイルは，万人受けするものではないと思われるが，このことから完全な自己組織的なチームから，軍隊式のマイクロマネジメント，そして，その間に様々な管理スタイルが存在するということは明らかである．一つ以上の戦略がうまく機能するかもしれないが，ある環境で成功した戦略が，他の環境ではうまく機能しないかもしれない．つまり，最近の流行を柔軟に追わない人たちは，障害であって，利益ではないと判断されるのである．

　記事の残りの部分も同様の傾向がある．耐性をつけるために読んでほしい．

　そういった防衛者の中で，誰が敵を必要とするか？真剣にアジャイルを支持するのであれば，極端なプロパガンダによって引き起こされる損害を危惧するべきである．誇張と脅迫により，一度は企業を説得できるだろうが，遅かれ早かれ，意思決定者はビジネス上の結果を見て，誇張に沿わないことに気付き，良い考えを悪いものと一緒に捨ててしまう可能性があるのである．

　「王よりも王政[2]」という言葉がよく表しているのだが，アイデアの狂信者はしばしば，その創造者よりも極端であり，そして，ケント・ベック，ラーマン，コックバーンによる基本的なアジャイルの文献が重要視されるだろう．特に，これらの書籍は，他の手法に対して卑怯な攻撃を避けている．

　もし組織へ定量的で合理的なアジャイルの考えを適用しようとしているのであれば，真の信奉者からのそういった攻撃は，危険なものなのである．ここまでで，十分，警戒してもらえただろう．本書では，大胆にも（この勇気に拍手喝采をお願いする！），そんなに良くないものと相当に悪いものから，本当に素晴らしいものを見つけ出すことを約束しよう．

---

[2] （訳注）王という存在よりも，王という権威を求めること．

2.2.4　天変地異説

新しい手法を提唱するとき，ものごとの現状の流れに焦点を当てることは自然なことである．もしすべてが完璧ならば，人々があなたの主張に耳を傾ける理由はないだろう．確かに，ソフトウェア工学の状態には，批判される余地がたくさんある．しかしながら，信頼性を得るためには，そのような批判は正確でなければならない．

ソフトウェア工学は，「ソフトウェア危機」が認識され，1968 年頃がその起源である．長い年月をかけて，ソフトウェアに関するいかなる話題のいかなる記事も，この分野のひどい状況についての嘆きに始まることが習慣となった．方法論，新しいプログラミング言語，プログラミングツールなどに関して，あなたが書いたちょっとした記事による小さな貢献は，明確に「危機」を解決するとは書いていないだろう．読者の心に提案を植え付け，結論を出させるには十分なのである．

その分野が成熟した後，この悲しげなスタイル（ソフトウェア王国ではすべてが腐っている）は，時代遅れとなった．実際，持続することは難しいが，利用するすべてのデバイス，すべての移動，そして受けるすべてのサービスがソフトウェアで動く世界において，ソフトウェア開発がすべて壊れ，すべてが間違っていると主張することは，愚かで取るに足らないことに聞こえる．

しかしながら，終末論的な流行は，アジャイルの文献の中で復活してきている．そして，それらの文献では，特定の混沌としたレポートを引用していることが分かるだろう．コンサルティング会社であるスタンディッシュ・グループによれば，これらレポートでは，プロジェクトは大きな割合でゴールを見失うか，完全に失敗するということを示している．2006 年から，その方法論や結果が誤りであると分かるまで，スタンディッシュのレポートを引用することは流行 [41, 39] であった．実際，私も 2003 年の論文で引用している．つまり，これらの結果は一貫性がなく，他の研究によって検証されず，個々の研究者が閲覧することができない独自のデータに基づいていたのである．しかし，現在に至るまで，アジャイルなプロセスの正当化のために，恭しく引用され続けている．スクラムの考案者による最新の本 [81] においても引用しているのである．彼らは次のように主張する．

> 人類は，40 年間ソフトウェア産業によってもたらされた病にかかっている．わざとではないが，人類の生活と一心同体に．我々は人類とソフトウェアの友好関係を取り戻したいのだ．

それでもなお！産業全体に対する決定的な告発のような問題に注目させる状況を想像しようとしてみた．その結果は，本章の追伸で述べよう．

すべてのソフトウェア産業の従事者，および，すべてソフトウェアプロダクトのユーザにとって明らであるが，ソフトウェア工学は間違いなく課題に直面している．架空のスキャンダルを作り出す必要はないのである．

スタンディッシュのエピソードは，驚くべき他者の失敗や，自慢ったらしい功績のいずれかによる誇張表現の危険性と，ソフトウェア工学が，健全で，信頼のおける，実践的な結果を渇望としている事実に気付かせてくれる．

2.2.5 原理主義

アジャイルの文献や手法の中には，定量的な手法をとっているものもあるが，序章に記したように，その手法を適用するためには，関連したすべてのプラクティスを利用しなければならないと主張しているものもある．

手法の提案者の手法を定義するいくつかの明白な原則を指定する権利を否定することはできないが，そのような絶対的な要求のは少なくなければならない．さもなくば，その原則はマーケティング的な仕掛けとしてしか機能しなくなってしまう．そして，それは，成功プロジェクトと失敗プロジェクト両方の事例研究に対する報告により均衡が保たれると主張する多くのアジャイルの発表によく見うけられるのである．つまり，成功プロジェクトにより手法の効果が立証でき，失敗プロジェクトにより，推奨するものの一つを無視したために失敗することが分かるという構図である！

そのトリックは素晴らしいが，それに引っかかるべきだという意味ではない．先に述べたとおり，産業界ではそういった絶対主義は無視されてしまう．すべてのグループは，いくつかのプラクティスを採用するが，その他を拒否し，自分達の選択した形を考案するのである．ソフトウェアのプロジェクトは非常に多様であり，ソフトウェア開発は非常に難しいため，万人にとって同じように機能するであろう単一の手法を適用することはできないのである．

2.2.6 言い訳

すべてのアジャイルの著者らは過激派として見られたいわけではないが，その印象をなくそうとする人たちでさえ，彼らがその技術を使うべきときと，使わないほうがよいときとを読者に示さないことがよくある．典型的な構造としては，革新的な考えを褒め称えた

上で，ちょっとした後付けのように，そのアイデアがどのような場合においても適用可能ではないことを示すというものである．その際，判断のための基準を提示することさえないのである．この手法により，著者の姿勢は合理的で公平に映るが，その助言を理解しようとする実践者には対して役に立たないのである．

メアリー・ポッペンディークと，トム・ポッペンディークによるリーンソフトウェア開発に関する基本的な書籍 [56] で使われている例を見てみよう．この本では，ソフトウェア開発のプラクティスに関する革新的な変化の必要性を 7 つの章で述べており，各章において，強力な原則を紹介している．その後，「取扱説明書と保証書」というおどけた標題の最終章では，唐突に次のような注意を促す文章が提示されるのである．

リーンの原則の平衡点を探してみる：

- 無駄の除去［第 1 のリーンの原則］は，すべてのドキュメントを捨て去ることを意味するものではない
- 学習の拡大［第 2 のリーンの原則］は，心変わりし続けることを意味するものではない
- 可能な限り遅く決断する［第 3 のリーンの原則］は，ぐずぐずと先延ばしにすることを意味するものではない

などなど（4 つ以上の意味のない箇条書きが，残りのリーンの原則それぞれに 1 つずつ）が記載されている．これらのコメントは，制約事項を示そうとしているが，その章はたった 8 ページの長さしかなく，実践者たちにとって実際に役立つことはほとんど言及されておらず，無意味なのである．この原則が適用できない，または，完全には適用できない場合，そして，どのように緩めて適用するかということが，実践者にとっては必要な情報である．

ソフトウェア開発者，あるいは，管理者としては，極端な原則は柔軟な運用が必要かもしれないというオブラートに包んだ見解は必要ない．その事実は，原則を実践する中で，自分自身で把握するはずだ．必要なのは，例外として扱うための基準だけなのである．例外や基準は，各原則に沿って特定されるべきものであり，原則のすべての信頼性を破壊するような全体的な責任逃れのためのものではない．このような責任逃れは，「取扱説明書と保証書」というよりは，多くのカスタマー向けのプロダクトに添付されている，はるかに広範囲の免責事項に似ている．つまり，その手法の利用者の手助けになるものではなく，その手法の著者が，言い訳による保護を受けるためだけのものということである．手法 X を適用し，そのプロジェクトが悲惨な結果となったとしたときを考えてみてほしい．そのときその手法の著者は，「そのような結果になって残念だ．しかし，もちろん，均衡点を探

すべきだと注意は促していたよ」という言い訳が可能なのである．

　　（ええと，はい，どうも．でも均衡点とは何か教えてほしい）．

　さて，職場で利用される言い訳の一般的に，A1とA2を区別することは非常に難しいにもかかわらず，「A1はA2を意味するものではない」という形となる．例えば，A1は「可能な限り遅く決定すること」であり，A2は「優柔不断」である．もし違いがあったとしても，それは微妙なものである．実際，『オックスフォード英語辞典』における「優柔不断」は，「先延ばしや物事を先送りにする行動や習慣．遅延．遅れ．」と定義されている．

　アジャイルにおいて使われる言い訳は，ポッペンディーク夫妻や，リーン開発だけで利用されている訳ではない．たくさんの文献において利用されている．例えば，次のような名言でも利用されている．「プロジェクト開発チームは裁量を持っているにもかかわらず，管理されないわけではない」．

　アジャイルのアイデアを独善的に適用することの限界に気付いたとき，同じ落とし穴にハマるべきではなく，節度をわきまえるべきだと単に宣言すればよい．本書では，アジャイル開発を，いつ，どのようなときに，他の手法で置き換え，他の手法と組み合わせるべきかを説明しようとしている．

　例えば，あらゆる段階においても動作するシステムを生産すべきというアジャイルの規則とすぐにユーザに見える結果とはならないが，先にインフラを構築することによるソフトウェア工学の利益との間に，ポッペンディークの言う均衡点を見つけることについて説明しようとしているのである．状況に応じて，それぞれの視点には価値があるだろうという当たり障りない表現は役に立たない．この問題に対しては，それぞれの考えに基づき組み合わせた「二重開発」の詳細まで明確な具体的な方針を提示することが必要であろう．

2.2.7　検証できない非難

　スクラムの提唱者の一人によるあるドキュメントは，「半分の時間で2倍の仕事をする技術」[8]と題されている．計算が間違っていなければ，これは4倍の生産性の向上を意味する．素晴らしい．誰もが賛同するに違いない．アジャイル開発の手法の考案者による表現では，改善の大きさとして，もっと過剰な主張を聞いたことがある．後ほど紹介するが，ポッペンディーク夫妻は，推奨する手法の一つだけを適用することで，コストが10分の1になることを示唆している．

恐らく，突然，熱狂的に注目されたがひどく意欲を失っているチームに対してだろうが，どこかの誰かが，アジャイル開発の手法をチームに示し，導入しながら，驚くべき結果を成し遂げていくことは許容できる．疑問として残るのは，そうではないチーム，特に，アジャイルであれ，そうでないものであれ，既に良いソフトウェア工学の技術を利用しているチームにおいては，どうなるかということである．

言い訳がましく聞こえるかもしれないが，ソフトウェア開発技術の効果について説得力のある大規模な研究を実施することは，次のような課題があり，難しいのである．

- 現実的な条件下で研究を行うためには，実際のプロジェクトを利用して，詳細な指標を集める必要がある．しかし，必ずしもすべての企業が望んで協力してくれるわけではなく，結果を公表してくれる企業はほとんどいない．
- 最初のプロジェクトが失敗に終わったため，二つの手法を連続して適用する場合がある．このような場合に，「最初の方法では失敗したが，我々の方法は成功した」と新しい手法についてよく主張される．主張自体は正しいが，この比較には偏りがある．2回目に実施した場合は，チームは，たとえ失敗したものだとしても最初のプロジェクトから学びを得ているのである．実際に比較することが可能なのは，並行して実施したプロジェクトだけであり，順次行ったものではダメなのである．
- しかしながら，手法を評価するためだけに，同じ案件を2つのプロジェクトとして実施するような投資をする企業はほとんどない．
- 以上のことを想定すると，研究結果は一事例にしかすぎず，その結果は特定の案件やチームに依存してしまうため，一般的な結論を出すことはできない．やや現実的ではないとしても，全体的な見通しを持ち，複数のプロジェクトで，理想的には複数の企業における経験を繰り返すべきなのである．

信頼のおける実践的な産業界における結果も出ているが，多くの実践的な研究は，大学生を用いた実験に基づいている．そのような実験も価値はあるが，明らかに限界もあるのである．

他の極端な例としては，アジャイル開発の評価を行ったIBMの研究 [85, 13] がある．細目を読むと，スクラムの支持団体であるスクラムアライアンスと共同で行われたことが分かる．支持という役割を果たしているが，実践的な研究ではなかった．この研究では，スクラムに関する多くの利点が報告されているが，驚くべきことだろうか？ アジャイルは

ブームを起こし，通常はもっと信頼できる IBM のような企業が，すべての方法論的な注意を捨てさってしまうように仕向けているようだ．そのようなことをすべきではない．

いくつかの企業環境は本当に滅茶苦茶である．過小評価されている開発者は，無能なマネージャーの気まぐれに基づいて，反復的な作業に時間を費やしている．すると，突然，上層部からの信頼と，流行の新しいアイデアを試す機会と，素晴らしいアジャイルコーチの恩恵を得たチームは，ほぼ一夜のうちに無気力から魚雷に変わる可能性があるのである．そういった成果は持続し，単なる「ホーソン効果」のせいではないことが分かるだろう（ホーソン効果とは，1930 年代に存在したウェスタンエレクトリック社の工場にちなんで名付けられた現象である．その工場において，労働者に新しい取組みを実験していると伝えるとすぐに，労働者の作業効率が工場した．この取組みがどんなものであっても，新しいものですらなくても，この効果が見られた）．しかし，そういった個々の経験から一般的な結論を出そうとすると，話は別である．

アジャイル開発に切り替えて，4 倍以上の生産性の向上を得ようと経営陣に伝えに行く前に，注意深く考えてほしい．彼らはあなたを信じているかもしれない．

追伸：ソフトウェア産業に毒されている！

著者が救済のために白馬に乗るまで，すべてがどれだけひどいものだったかを示す「40 年もの間，ソフトウェア産業に毒されてきた．意図的ではないが，密接に」という記述を，何度も読んだ後，このような文章を書くように導いた環境を思い起こし楽しんだ．これがその結果である．

2012 年 2 月の寒い朝，S 氏は早くに目覚めた．彼は，フリーの MP3 サイトからダウンロードした Gtterdmmerung（神々の黄昏）のお気に入りの曲を iPhone のアラームに設定していた．彼は，特定の調理をした卵の朝食が好きだった．そして，加熱と調理の時間の正確な組合せを電子レンジにプログラムしていたので，まさに正確に調理した卵があった．

彼は前夜，娘に車を貸していた．道は凍っていたけれども，娘をそれほど心配していなかった．自動ブレーキシステムは，まだ初心者ドライバーの彼女のミスを自動的に修正し，ナビシステムは通行不能な道を避けるようアドバイスしてくれるからだ．

彼自身は，公共交通機関に向かっていた．Web で予定を確認し，次のバスまで数分時間があった．メールを確認するのに十分な時間だ．PDF が添付されたメールを受信したことに気付いた．最近のコンサルタントの仕事に関する入金だった．アジャイルのコンサルタントとして，S 氏は強く望まれていたのだ．口座システムは自動的にすべての情報を受け

取ることが分かっていたので，詳細を確認する必要はなかった．

彼は外に出てバスに乗った．クライアントのオフィスに向かう道中ずっと携帯でメールを確認していた．降りる停留所を見逃さないようバスの大きなモニタを確認しながら，次のフライトのオンライン予約を確認する時間もあった．建物に着くと，正しいフロアへ入室するよう，エレベータのスロットに ID を通した．

コンピュータを休止状態から復帰させた．報道によれば，最新版の Windows は 5000 万行超のコードからなる（S 氏はこのような雑学が好きだった）ということをなぜか思い出し，期待したことをシステムのようなものが実行していることを考えていた．S 氏は，たくさんの友達のように，Mac に移行しようかと考えていたが，その利点は明確でなく，古い Word のテキスト処理システムが好きだった．彼はその Word を使って，「30 日でソフトウェア」と仮題した最近のアジャイルを支持する文献 [81] を執筆していた．

S 氏（この話の詳細のいくつかは失われているので，彼のフルネームはシュエイバーかサザーランドか，スクラムか，もしかしたらスプリントかもしれない）は，昨晩，放置したところでそのドキュメントを開いた．多くの良い著者のように，導入を仕上げるのを最後の瞬間まで延期してきた．これまで，彼と共著者はひらめきを得られていなかった．どのように始めるとベストなのかを見出すことはいつも非常に難しい！過去数か月以上，たまたま居合わせたときはどこでも，長時間のスカイプで議論で一緒に働き，しばしば共有している Google Docs の草案を同時に編集しながら，多くの異なる変形を試してきた．しかし，今，突然，まさに読者の注目を引くための言葉を得たのである．

彼の心に次の適切な一文が浮かんだのである．

40 年もの間，ソフトウェア産業に毒されてきた．意図的ではないが，密接に．

第 3 章

敵は大掛かりな
事前作業のすべて

いかなる理念にも敵役は必要である．アジャイルの敵は，「ウォーターフォール」や「プロセスベース手法」「予測型（計画主導）」「大掛かりな事前作業のすべて」と様々に呼ばれている．ここでいう「すべて」とは特に要求や設計を示している．従来のソフトウェア工学の取組みとアジャイルを調和させようとした本 [18] のタイトルの中で，ベームとターナーは「規律」という言葉を使っている．しかしながら，その本の中では，アジャイル開発も規律を提示することに言及し，古典的な手法である「計画主導」の考えから抜け出せていない．ただ，「計画主導」というのは悪くない名前である．

本章では，アジャイルの提案者が一般的に不快に思うこの計画主導の手法に注目し，その主な特徴をまとめる．

これらの手法の詳細を説明すると，ソフトウェア工学の文献を一冊書けてしまうので，ここではその主要な考え方を俯瞰的に見ることとする．

3.1　予測はウォーターフォールではない

まず，前章のアドバイスの補足として，一言だけ注意してもらいたいことがある．直近の本で，スクラムの考案者はこう述べている [81]．

> 予測型も，ウォーターフォールも，プロセスに問題があるが，多くの人々や組織はそれを機能させようとし続けている．

そして同じ段落の後半には，以下の記載がある [53]．

> ある顧客は，プライスウォーターハウスクーパース（PWC）[1]のサービスを利用していた．PWC の手法は，予測型かウォーターフォールだった．

ここには，前章で紹介した言葉のトリックの一つである「連想による誹謗」が登場している．しかも，何度も反復的に連想させている．「ウォーターフォール」とは特定のライフサイクルモデルを意味している．この主な役割は（ソフトウェア工学の実践ではめったに存在しないため）教育的なものでしかなく，ソフトウェアプロジェクトをどのように組織化すべきではないかということに関する文献的な例となっている．このモデルを初めて明記

---

[1]（訳注）世界 4 大会計事務所の一つ．

した 1970 年の記事 [77] でさえ，そのように批判している．これまで，ウォーターフォールをバッシングすることは，ソフトウェア工学の著者らが好んで行っていた気晴らしなのである．「予測型」とは，これとは異なるものである．定義として，工学とは予測型であり，科学と管理の手法に基づいて，多かれ少なかれ事前に設計と生産のプロセスを組織化しようとする．世の中には，ウォーターフォールではない無数の予測型の手法が存在するのである．繰り返しソフトウェア工学における従来からの批判を使うことにより，読者に「予測型」を一括りに考えさせ，その結果として，著者自身の手法ではないすべての手法の評判を落とそうとすることは，怪しげな方法であり，理解を深める役にも立たないのである．

　本章では，程度の多少はあるが予測型の手法について整理する．どの手法もすべての人の好みに合うものではないし，そのいくつかは明らかな批判の対象であるが，それらは広く使われ，多くのプロジェクトを成功させる手助けとなってきたものである．それらの手法は，アジャイル開発と同じように，ソフトウェア工学について我々が知るものの一部である．

3.2　要求工学

　ソフトウェア工学はただのプログラミングではなく，「ステークホルダー」にとって関心のある問題を解決することである．その問題とは本当は何なのか，どんな解決策がステークホルダーを満足させるだろうか，定義することは要求分析として知られる作業であり，成功するソフトウェア開発の重要な側面の一つである．ステークホルダーのニーズを満たさない完璧なシステムを構築しても，あまり役に立たないのである．研究に次ぐ研究の結果，要求の失敗はソフトウェアプロジェクトを悩ませる最悪のものの一つであることが分かっている．ソフトウェア工学の多くの研究は，システムを正しく構築することを目指したものであり，要求工学の目的とは，正しいシステムを構築することである．

3.2.1　要求工学の技術

　要求分析には，多くの有益な技術，ツール，手法の原則があり，単独の学問領域へと発展し，ソフトウェア工学の文献に記載があるだけでなく，要求分析の専門書 [19, 73] まで存在する．要求分析の重要な要素は，ユーザのニーズを集める要求抽出である．要求抽出の技術には，以下のものがある．

- ステークホルダ インタビュー：その場へ行き，何が必要かを質問する
- ステークホルダ ワークショップ：ステークホルダと一緒になり，要求について議論する

ワークショップは，要望が異なったり，場合によってはコンフリクトするような，様々なタイプのステークホルダーが存在する場合に特に役立ち，矛盾を見つけ，オープンに議論することで，それらを理解し，解決する手助けとなる．要求プロセスの結果，一般的には要求仕様書が作成され，そこではシステムの目的についてまとめられている．要求仕様書にまとめられることもあれば，別のドキュメントとして作成することもあるが，システムのテスト計画書（要求が決まることにより，そのシステムはどのようなテストを実施すべきかという条件が定義される）と開発計画書も要求プロセスの重要な成果である．

従来は，要求仕様書と言えば，単一の文章一式であったが，近年では，Web サイトや Wiki（ラーマンはアジャイルな方法として推奨している），クラウドベースの協調可能なドキュメント（Google Docs 等）といった，より柔軟な書式の場合 [52] もある．

3.2.2 事前の要求分析に対するアジャイルの批判

アジャイルを教える際には，事前の要求分析をすることを拒絶している．様々なアジャイル開発において，どの手法でも共通して拒絶しているのである．ケント・ベックは，XP の主張において，次のように記している [92]．

要求を収集するということは，静的なドキュメントを作成する段階ではないにもかかわらず，必要とされる前に開発全体の詳細を詰める活動である．

コーンは，スクラムの文脈において，大掛かりな事前作業のすべてを包括的に拒絶する中で次のように述べている [27]．

> スクラムのプロジェクトは，事前の分析や設計の段階を持たない．すべての作業は，繰り返されるスプリントのサイクルの中で実施されるのである．

アジャイルの実践者は要求仕様書を，次の2つの理由から一種の「無駄」と見ている．

- 無駄だという批判
  要求仕様書は，顧客へ渡されるものの一部ではないので，有用な成果物ではない．ポッペンディークはこう述べている [55]．

もしあなたの会社が膨大な量の要求仕様書（在庫に相当する）を書いているのであれば，大量生産のパラダイムの中で仕事をしているのである．「リーン」について考えてみると，より良い方法を見つけられるだろう．

念のために言っておくが，「大量生産のパラダイムで仕事する」とは褒め言葉ではない．さらに次のようも言っている．

ソフトウェア開発のバリューストリームにおいて，在庫とは特に，分析・設計されていない要求といった形のものである．製造業における在庫により，ここで言及したいことは，一種の無駄ということである．

- 変更に対する批判
 アジャイルの視点では，顧客は自らが望んでいるものは分かっていない．顧客が思うとおりに実施すると，非現実的なシステムとなるかもしれない．そして，いずれにせよ顧客の考えは変わるだろう．顧客を満たす唯一の方法は，システムの一部を構築し始め，顧客に見せ，フィードをバックを集め，反復することだけである．

無駄だという批判と，変更に対する批判という2つの反発は，しばしば混同されて1つに集約される．例えば，ケント・ベックは次のように述べている [92]．

ソフトウェア開発には，すぐに使われなくなる要求仕様書といった，たくさんの過剰生産の無駄がある．

繰り返すが，これは連想による批判である．2つの主張を融合させることにより，事前の要求を批判することがより容易になるのである．先ほどのケント・ベックの引用において，「静的なドキュメントを生成する段階」を否定していることに注意してほしい．しかし，批判される2つのものとは別なものである．細かく見れば，どちらも要求とはソフトウェアプロセスにおいて別なフェーズであり，要求フェーズでは，変更を許容するドキュメントを生成するのである．

実際にはそれら2つの主張は区別される．順に精査していきたい．

3.2.3 無駄だという批判

無駄だという批判は，原則的には，利用されない要求（ポッペンディークの言葉で言えば，「分析や設計がされていない要求」）に限られるはずである．このことは，要求のほとんどに当てはまるはずだ．なぜなら，要求を記述した時点においては，定義上，その要求

第 3 章　敵は大掛かりな事前作業のすべて

は分析も設計もされておらず，維持されるかどうかすら分からない．実際，要求を書くことの目的は，正確には，プロジェクトの早い段階で健全な基盤を作り，システムの将来的な機能を議論し，特に，どの機能を除外するかを決めることにある．

　これは，労力が「無駄」だったことを意味するだろうか？　答えを出すためには，不要な機能を除外するための 2 つの技術を比較する必要がある．

1. 計画から始める手法：事前に要求プロセスを実行し，そのプロセスから得られた機能に対して重み付けをし，必須でないものを決め，それらを除外する
2. アジャイル的な手法：いくつかの初期機能を選択し，それらを実装し始める．結果に顧客が満足しなかった場合は，不要なものを除外する

　それぞれの手法に利点がある．通常，手法 1 のほうが，実装のリソースを無駄にする前に，不要な機能を要求の段階で除外することが簡単である．このことは，チームの士気にとってもよい．なぜなら，開発者は，何か実装したものを破棄すると，イライラするものである．このように無駄に士気を落とすことは，その要求に基づいて何かをする前に要求を捨て去ることができたとしても，もっと悪い影響があるのである．時として，何か有用なものを見つけ出す最良の方法は，手法 2 のように，実際に構築し，構築したものを見せ，適切かどうかを判断することである．その点で，アジャイルの実践者も正しい．

　しかし，「時として」というのは，「いつも」という意味ではない．ここでの問題点は，独善主義であるということだ．事前に要求分析をすることは有意義であり，反復開発も有意義なのである．絶対主義にとらわれて，これら 2 つの補完する技術のいずれかを非難することは，プロジェクトの役には立たず，むしろ悪影響がある．

　アジャイルの観点からの批判は，お役所仕事で求められる，時には数千ページにも及ぶ，膨大な要求仕様に対しては，的を射ている．事前にすべてのことを事細かに記述することは，生活に密着したミッションクリティカルなシステム（典型的には組込みシステム，例えば，輸送に関するシステム）にとっては必要だが，たいていのビジネスのシステムにおいては，やりすぎである．そのような詳細なドキュメントは，複雑になり，矛盾する点や曖昧な点が混在し，正しく理解することができなくなり，重厚すぎて扱えないため，開発で使われず，棚の上で忘れ去られてしまうのである．

　この批判によっても，事前に要求を記述することを捨て去ることは正当化されるものではない．まず，要求仕様書はシステム仕様書を記述するために必要とされることがよくあ

るため，厳格に言えば，顧客に提供されないものとしての「無駄」の定義に当てはまったとしても，必ずしも要求仕様書の作成を取りやめる必要がないことに注意してほしい．しかし，特定の場合には，事前に要求を記述することをやめるべき，より根本的な理由が存在する．ソフトウェアは，仮想的なもので，変更しやすいという特異性を持っているにもかかわらず，工学的な成果物なのである．実施する前に適切な粒度で記述することで，実施しようとする内容を特定するという工学的な基本的な手法を放棄する理由とはならない．

要するに，ばかばかしいほどのお役所仕事のような極端な状態と，非常にいいかげんな状態との間に妥協点があるということである．

この主張はそれほど強いものではない．主要な要求を定義する基本的なドキュメントを書くための時間をとらずに，数人以上の開発者が必要だったり，数か月以上かかるような，重大なソフトウェアプロジェクトを開始することは，プロフェッショナルな仕事として問題があるはずだ．

私は顧客企業のプロジェクトマネージャーの言い成りになっていたことがある．そのマネージャーは，「要求フェーズは必要ない．我々はアジャイル．すぐさま飛び立てる」と言っていた．システムの機能を正確に定義するために数週間かけてさえいれば，数か月にも及ぶプロジェクトの遅延と，チームの眠れぬ夜を防げたはずだ．同じ誤ちは繰り返さないだろう．

3.2.4　変化への批判

アジャイルが変化を強調することは正しい．プロジェクト序盤で要求を固めようとすることはむなしい作業である．たとえ，才能と経験，そして，幸運の組合せにより，要求を正しく理解できたとしても，一連のシステムを見始めると，それにより新しいアイデアに気付き，顧客の要望は変わるのである．

しかし，結果として，要求に対して批判することは，大部分は，試作品をたたいているのである．本格的なソフトウェア工学の文献では，序盤に要求を固めることを推奨することはない．要求仕様書は，単なるソフトウェア開発の成果物の一つである．そして，多くのアジャイル実践者にとって検討する価値があるコードモジュールや回帰テストだけでなく，ドキュメント，アーキテクチャ設計，開発計画，テスト計画，スケジュールもソフトウェア開発の成果物なのである．言い換えると，要求はソフトウェアなのである．ソフトウェアコンポーネントと同様に，要求は資産として扱われるべきなのであり，要求も変更されうるものなのである．また，実際に構成管理ツールの制御下で管理すべきものである．

第 3 章 敵は大掛かりな事前作業のすべて

　事前に要求分析をすることを拒絶する理由として，要求の変更可能性を主張することは無意味である．要求が変更されるという見解に対する適切な技術的反応は，「だから何？」ということだ．記事を書く際に，その構造は自由に変えることができる．多くの人は，目次から始めることが有効だと知っているが，同時に，目次は変更不可能なものではないことも理解している（素晴らしいアジャイルの書籍も目次から書き始めたかに疑問を持つ人がいるかもしれない．推測にすぎないが，もちろん目次から書き始めただろう）．企業が新しいプロダクトを立ち上げる際には，マーケティング計画があり，ものごとの進捗に合わせて，プロダクトを受容する準備をするものである．これは，ソフトウェアの領域以外の数多く存在しうるうちの一例にすぎないが，要求を記述するということが，要求を確定させることを意味しないことを示している．

　軍事戦略家は，ヘルムート・フォン・モルトケ (Helmuth von Moltke) 元帥[2]の言葉を好んで引用する．

　　「敵前に戦略なし」

　彼らは，この文言を引用し，その上で，計画を立てるのだ！状況はまさにソフトウェアと同じである．計画はただの計画であり現実に適応させていかなければならないことは分かっている．計画の考えを完全に放り出す理由とはならないのである．

　「要求獲得は静的なドキュメントを作成するフェーズではない」というケント・ベックのコメントもそうだが，まるで，要求フェーズを実施してしまうと，その成果物である要求仕様書が静的になると言わんばかりのアジャイルからの批判に固有の勘違いについて，再度，触れておきたい．その問題は 2 つの問題に分けられる．

　実際，適切なソフトウェア工学の技術は，要求フェーズを持ち，動的なものとして生成されたドキュメントを扱う．同様に，ケント・ベックが言うように，要求獲得はフェーズではなく，活動であるとすると，実際には存在しない矛盾を生んでしまう．つまり，要求獲得は，一つのフェーズとして扱うべきものであると同時に，プロジェクト全体を通して，そのフェーズ後に継続される活動として扱われるべきものでもあることになる．

　ここで紹介した事例から分かることは，アジャイル見解の妥当性を高く評価するとともに，不当で極端な結論は無視するべきだということである．

---

[2] （訳注）プロイセン・ドイツの軍人または軍事学者．

3.2.5 ドメインとマシン

従来の要求プロセスとアジャイル開発とを比べると，追加で考慮すべき概念は，パメラ・ザブ (Pamela Zave) とマイケル・ジャクソン (Michael Jackson) が長年主張している，ドメインの要求とマシンの要求を区別する [96, 45, 46] ということである．このアイデアは単純なものである．

- 要求要素には，システムが動作する世界，すなわち，「ドメイン」の一部の性質を表しているものがある．
- それ以外の要求要素は，システム，すなわち，プロジェクトで構築しようとしている「マシン」の性質を表している．

銀行アプリケーションでは，口座や預金，当座貸越の規則はドメインの性質であり，支払いやその他の操作方法に関する仕様はマシンの性質である．携帯電話のソフトウェアでは，たとえば信号速度の限界を定義する物理法則や，企業の通信料の体系は「ドメイン」であり，これらの制約に準拠しなければならないシステムの機能は「マシン」である．要求仕様書においては，この2種類の要求が組み合わされているにもかかわらず，ジャクソンとザブが言うには，これらは異なる性質を持つので，区別しなければならない．プロジェクトは，マシンを定義するが，ドメインに対して一切の影響はない．それらを混合すると，混乱と誤解が引き起こされる．

アジャイル実践者は，しばしば「要求は設計である」という言葉を使う．この言葉は，要求は実際には構築するシステムに対する決定であるので，純粋な顧客のニーズとして要求が存在していると見せかけることは無意味だという意味である．ポッペンディーク夫妻はこう述べている [57]．

> 要求と呼ばれるものは何だろうか？ 実際には，それらは解決策の候補である．要求と実装を分けようとしても，形態を変えて委譲しているにすぎないのである．

委譲しているということは，一種の無駄があるということである．ここで要求とは，単なる設計と同等ではないが，実装とは直接に同等なものだと見なされている．ポッペンディーク夫妻は，どこかで設計と実装は同じだという主張もしている．

検証されているかどうかにかかわらず，このようなコメントは，マシンに対する要求に

のみ適用可能であり，ドメインの性質は，どのようなシステムとも独立したものなのである．ここで，明らかに要求が解決策の候補ではない例をいくつか示してみよう．

- ビジネスシステムにおいて，「1万ドルを超える取引は上司の承認が必要である」．この文はビジネスルール，おそらく法的責務を記述しており，プロジェクトで規定するものではないが，実装が満たさなければならない制約である．もし，満たさなければ，その実装は間違っている．
- 組込みシステムにおいて，「すべての携帯電話の通信は，割り当てられた周波数帯内（同様に要求として正確に定義されている）で行われるべきである」．これは，プロジェクトの環境によって規定される基本的な制約の例である．

設計に関する決定とは別に，このようなドメインの性質を要求として特定することは，プロジェクトの責任である．そして，非常に早い段階で行われるべきである．重要な制約を見逃してしまうと，そのような制約が発見されたときに，これまで開発されたコードを投げ捨てなければならなくなる．ここでは反復型開発については何も触れておらず，基本的なプロフェッショナルとしての能力について言及しているのである．

多くの事例のように，アジャイルの実践者は，次のような現実の問題を明らかにしている．設計や実装の決定をより多くの情報が得られるまで先延ばしにしたほうがよさそうであっても，体裁のため，早々にその決定をするリスクを，要求としてごまかしてしまっているのである．しかし，従来のプロジェクトでの問題に関する知見から，アジャイルの実践者は，過度の一般化と，反対の問題へ突き進もうとしているのである．これはよろしくない．設計と実装と関係なく，要求の必要性を否定するためには，理由が必要である．なぜなら，これらの違いは，問題と解決策という，ソフトウェア工学における観点の違いなのである．

光の速度は，実装によって決定されるものではないのだ．

3.3 アーキテクチャと設計

要求分析が問題を記述しているならば，設計は解決策の一部分である．ソフトウェアでは，解決策は究極的にはコードで表現される．しかし，コードはすべての詳細を含んでお

り，具体的である．それに対し，設計は解決策の全体的なモジュール構造，つまり，アーキテクチャを定義している．設計上の決定とは，例えば，抽象化の選択（オブジェクト指向開発では，これらは特にクラスとして表現されるデータの抽象化であろう）などである．より具体的に言えば，まず，デザインパターン [38] の利用である．デザインパターンとは，特定の問題を対処する標準的なソフトウェアの構造を記述したものであり，例えば，「Visitor パターン」は，データ構造の走査を支援するものである．モジュール間のインタフェースの仕様や，関連する抽象化を行う集合を整合性のある分類として体系化するための継承構造の定義などもそれにあたる．

「設計」と「アーキテクチャ」という言葉の間にはほとんど違いはない．明確にするために，この議論においては，そのプロセスに対して「設計」という言葉を用い，その結果に対して「アーキテクチャ」という言葉を用いる（そのため，アーキテクチャを策定するといった表現は必要ない）．「実装」と「コード」という言葉に対しても，同様に区別して利用することとする．

3.3.1　設計は実装から分けられるか？

多くの従来のソフトウェア工学の手法においては，設計を個別のフェーズとして扱っているが，設計と実装との間に明確な境界は存在しないという認識が広がってきている．早くも 1968 年に，科学領域としてソフトウェア工学を始めた会議では，設計と「生産（または実装）」の違いについてのセッションが含まれていた．そこで，ピーター・ナウア (Peter Naur) は次のように述べている [6]．

> 設計と生産の区別は，分業の必要性によって課せられるものであり，実践的に区別しているにすぎない．実際，設計と生産に本質的な違いはないのである．生産においてもソフトウェアシステムの性能に影響を与える決定を行うのであるから，生産も正確には設計フェーズに属するのである．

そしてエドガー・ダイクストラは，次のように述べている．

> 正直にいうと，まともな仕事をしようとすると，これらの活動を厳密に分けられるとは思えない．生産グループを持っているならば，何かを生産するはずだ．そこで，生産されるものは正しくなければならず，良いものでもなければならない．しかし，プロダクトの品質を後から確立することはできないということは納得で

きるが，ソフトウェアの一部の正しさを保証できるか否かは，作られたものの構造に大きく依存する．つまり，ユーザや，あなた自身が，そのプロダクトが良いと納得できるかどうかは，設計のプロセス自身と密接に関連しているのである．

アジャイル実践者によりしばしば引用される，ジャック・リーヴス (Jack Reeves) の1992年の論文 [75] では，ソフトウェアの構築の中で，設計を個別の活動として扱うと，産業界においては完全に誤った理解をされると主張している．リーヴスは，工学における「設計」とは，後の生産プロセスに使われる仕様書を作成するタスクを示すものだとしている．ソフトウェアでは，「生産」とは構築プロセス（関連する様々なモジュールを集め，コンパイルし，リンクする）が該当し，大部分は，人というよりはむしろ，make のような機械化されたツールにより実行されるものである．

しかし，このようにソフトウェア開発のライフサイクルを精査して考えると，私（とリーヴス）の理解では，実際問題としての工学的な設計の基準を満たすソフトウェアのドキュメントは，ソースコードだけであることになる．

ソフトウェア開発のプロセスと，他の工学領域におけるプロセスとの対比に注目すれば，リーヴスは実に正しい．すると，彼が指摘するには，他の工学領域における「設計」とは，ソフトウェア工学におけるプログラミング，つまり，ソースコードを書くことであり，他の工学領域における「生産」とは，ソフトウェア工学のビルドのプロセスのこととなる．しかしながら，ソフトウェアコミュニティでは，独自の意味で「設計」という単語を長く使ってきているので，ソフトウェア工学における設計も，機械工学や建築における設計と同様のものであるというニュアンスを含まない限り，この洞察力のある見解に対する議論は終わらない．

ソフトウェア固有の意味としては，設計はコードの全体的な構造を定義するプロセスを表す．先ほど引用した3人の筆者全員が述べているように，実装との違いは，本質的な性質の問題ではなく，抽象化の問題である．例えば，次のコードを見せたとしよう．

```
across subscribers as sub loop
    sub.item.update (arguments)
end
```

このコードは，subscribers リストの各要素 sub の item に対して，入力された arguments を引数として update 命令を適用するというものである．もし，デザインパターンとして，

Observerパターン [38, 63] を利用していると言及すれば，次のアーキテクチャについて述べていることになる．上記のコードに含まている概念は，古典的なアーキテクチャの手法であり，特定の情報（例えば，株価）が変化したことを，それを観測しているすべてのソフトウェア・コンポーネントに通知するものである．観測しているソフトウェア・コンポーネントは，サブスクライバと呼ばれ，例えば，株価を表示するユーザインタフェースの要素や，株価の履歴のデータベースを更新するモジュールなどである．このアーキテクチャにより，各サブスクライバは，特有の更新処理を実行することができるのである．

明らかに，コードは最終的には価値のあるものすべてである．なぜならば，デザインパターンといったアーキテクチャの要素ではなく，コードを実行するからだ．しかし，コードを作成するため，そして存在するコードを理解するためには，設計は重要である．誰かが「ここでObserverを使おう！」と言えば，優秀なソフトウェア技術者はそのコードを導出できる．コードはすでに存在していて，それが任意のループではなくObserverパターンの実装であるという設計情報は，そのコードに手を加えるすべてのエンジニアにとって重要である．

ソフトウェア工学と他の工学との間の大きな違いは，「設計」ドキュメントとコードの間に厳しい方針がないことである．「Program Design Languages」という言葉は，あやしげなプログラミング言語のように見える．UML図でさえ，必要十分に正確であれば，コードとして位置付けられるかもしれない．クラウゼヴィッツ (Clausewitz) の有名な引用で言い換えると，実装とは他の手段によって継続される設計である．ここでの「他の手段によって」とは，「抽象化の異なるレベルにおいて」という意味である．

ソフトウェアのもう一つの興味深い特徴は，コードを書いた後，あるいは，部分的に前後に分けたとしても，他の分野以上に，設計を実施する（ドキュメントを作成する）価値があることだろう．このことについて，パーナス (Parnas) とクレメンツ (Clements) の「合理的設計プロセス：ごまかし方とその理由」[72] という古典的なソフトウェア工学に関する記事が，うまく説明している．このタイトルは，その核となるアイデア，つまり，コードだけでなく，良いアーキテクチャで終わることが重要であるということを意味している．どのようにアーキテクチャを決定するか，特にその決定の時期はそれほど重要ではない．厳密なウォーターフォール型のプロセスが主張するように実装の前でもよいし，設計と実装が互いに関連させながら，実装中でもよいし，実装の後で，どんなことをしようとしたのかを何とかドキュメントにまとめるのでもよいし，それらを組み合わせてもよいのだ．これはパーナスが設計プロセスをごまかすという表現で伝えたかったことである．同様の

ことは数学ではよく使われる手法である．数学の論文には，すべての定理はその前の定理から導き出され，次の定理の根拠となるという，洗練された証明が提示されている．しかし，数学者にどのようにしてその証明を導いたのかと尋ねれば，アダマール (Hadamard) が古典的な文献 [42] で述べているように，直感が厳密さと同じくらい重要で，非常に不規則な手順を示すだろう．結論によって，その手段を正当化されるのである．

　ここで引用した記事の年代を見れば分かるが，ソフトウェアにおける設計と実装との間に強い関連があることは，長い間理解されてきてたことなのである．特に（シームレス開発を強調している）オブジェクト指向技術と強力な抽象化を提供する高級言語が普及するなど，ここ数十年でのソフトウェア技術の進化によって，その緊密な関係が浮き彫りになってきた．設計が実装から全く区別されたフェーズであるという厳格なライフサイクルを強制する企業はおそらく残っているが，これはまともなソフトウェア工学の文献が推奨していることではないのである．

3.3.2　アジャイルの手法と設計

　アジャイル開発は，完全なシステムのライフサイクルの中に独立した設計フェーズを含むいかなるプロセスをも非難するが，アジャイルな一連の設計手法は一つも存在しない．しかし，3つの主要な考え方で，アジャイルの設計に対する見解を特徴付けることができる．アジャイルの実践者は通常，「... の代わりに」という逆のアプローチに対する対応として提示するが，それらを「... をしよう」という肯定的な表現で提示することが重要である．

1. もし特定の設計作業が必要ならば，各イテレーションの中で実施し，実装と設計を繰り返し実施しよう（システム全体の設計を行う代わりに）
2. 目の前の問題の解決に集中しよう（拡張可能性や再利用性を高めようとする代わりに）
3. リファクタリングとして知られているが，動作するものを作り，そしてそのアーキテクチャをしっかりと確認し，必要があれば，改善し，良いアーキテクチャにしよう（最初から完璧な解決策を目指す代わりに）

　2と3の点については，後で再度，議論することとしよう．一般的に見ると，アジャイルでは，拡張性や再利用性にあまり重きを置かず，これまで見てきた他の場合と同じように，正しい見解から始めて，過度な主張に至りがちである．

　リファクタリングは，その一部として，重要なソフトウェア工学の技術として出現した

が，健全な事前の設計の代替手段にはならない．アーキテクチャが適切ならば，そのシステムを改善することができるが，ガラクタはリファクタリングしてもガラクタである．

ラーマンは，設計は個々のイテレーションにおいて実施されるべき（上記の1）だと，特に強く主張している [52]．彼は，新しい機能を構築し始める前と，チームが壁を使ったアジャイルなモデリングの必要性を感じたときはすぐに，デザインワークショップを開催するように強く主張している．ここでの「壁」とは，実質的にはホワイトボードの素材でできた，境界のない広く開放的な壁である．

驚くほど寛容なことに，アジャイルの文献は設計に対するアジャイル開発には限界があることを述べている．コーンの設計に関する議論の大部分は，全体を設計しないで開発をした場合は，次に挙げる失敗を犯す可能性があることに注意している [29]．

- 計画を立てることが一層難しくなる
- チームと個人の仕事を分割することは一層難しくなる
- 全体的な設計を持たないことで，開発者が安心できない可能性がある
- 必ず修正が必要になる

これらの実際の障害を考慮する必要がある．

リファクタリングという考え方の一方で，アジャイル開発における設計の議論では，事前にシステム全体に対する設計を行うことは，いかなるものであれ反対するという思想に取り付かれている．例えば，ラーマンは，「誤った二分法」であるとして，「何かを実装する前に設計の基礎を持つことは重要である」という見解をはねつけている [52]．

繰り返すが，この結論は度を超していて，（もはやラーマンがこの件について話すことはないが）ダイクストラが実装と設計の同一性について主張していた際に思い描いていたことではないことは間違いない．2つの典型的な例を紹介しよう．

- セキュリティ

  あるセキュリティの団体での共通の言葉は「セキュリティは後付けであってはならない」である．極端な形では，実はこの言葉は「プロセスの後半までセキュリティに関して意識するな」という逆の考え方と同じくらい正しくないだろう．セキュリティの専門家は，セキュリティに対する懸念を事前に考慮し，それらをプロセスを通して意識し続けるべきだと言うだろう．

- 多言語ユーザインタフェース

ダイアログやエラーメッセージなどのユーザインタフェースを多言語対応にするかどうかは，システムの構築に大きな違いをもたらす．はじめから適切に考慮されていれば，適切な設計を行い，多言語対応は非常に簡単なことである．しかし，初期の段階で単一の言語対応で構築していたシステムの場合は，その改修にかかるコストは非常に大きい．残念なことに，事後だったのであるが，以前に，納品時に顧客が不合格としたシステムに関する法的な議論に関わったことがある．このときの理由の一つは元々，他国での利用のために設計され，後から多言語対応の機能を追加したというものであった．時々，英語の顧客に対する月々の請求書に，多言語の文章が含まれていることがあり，この企業は不満だったのだ．

より困惑することに，なぜ，アジャイル開発の支持者は，孤立した良いアイデアから離れられないのであろうか？ 良いアイデアは，はじめはやりすぎを避けることである．必要な情報のすべてを入手することはできないので，いくつかの設計に関する決定は後のイテレーションに延期させればよい．このように考えると，事前に設計すること自体を禁止する必要はないのである．

3.4　ライフサイクルモデル

ライフサイクルモデルとは，分析，実装，検証と妥当性確認などといったソフトウェアプロジェクトが典型的にたどる一連のフェーズを定義し，標準化しようというものである．非常によく知られているモデルとしては，批判の的になっているウォーターフォールモデルや，繰り返し型のウォーターフォールであるスパイラルモデルが挙げられる．この他にも多くのモデルが存在する．モデルは通常，四角形でフェーズを表現し，フェーズ間の遷移をそれらを結ぶ矢印で表現するような図として描かれる（教養のあるこの本の読者には，そのようなダイヤグラムは必要ないだろう．どうあるべきかという教訓から始めてみよう．実際，すべてのソフトウェア工学の文献の中で，最初のライフサイクルの議論では分かりやすい図で説明はされていないのである）．

ライフサイクルモデルには，定義，標準化という2つの異なる役割があり，しばしば混同される．一つは純粋に分類であり，どのように成功したチームが機能するのかを把握しようとするものである．もう一つは，規範であり，チームがどのように働くべきかを表現

したものである．日常的に利用する「モデル」という言葉においてもこの違いは存在する．「数学的なモデル」といった場合は，分類の意味で利用されており，ある人を「ロールモデル」として見なしている場合は，規範の意味で利用されている．

1982 年のマクラッケン (McCracken) とジャクソンの「Lifecycle concept considered harmful」[60] という明確なタイトルの記事から始まったのだが，規範の意味におけるライフサイクルモデルには，かなりの反対意見が存在する．繰り返しになるが，基本的なコンセプトの理解がいかに早くからなされていたかに注目してほしい．アジャイルを主張する人たちは，よりフレキシブルな種類のプロセスに賛同し，従来のライフサイクルモデルを敬遠する．ウォーターフォールモデルを批判する前に，ウォーターフォールのようなモデルを考慮するための3つの議論について理解してほしい．

- 歴史的な議論
  初期のソフトウェア業界においては，厳格なライフサイクルモデルというのは，非常に身勝手な手法に対する健全な反応であったのである．身勝手な方法とは，「まずコードを書き，後で考えよ」とか「ただハック（セキュリティの意味ではなく）せよ」といった言葉で表現されるようなもののことだ．特に実装の前後の独立した作業の必要性を強調することにより，ライフサイクルモデルは，プロセスに秩序をもたらしたのである．今日，これはアジャイル開発にどのような制限があるにせよ，アジャイル開発に期待している見解としては，ソフトウェア産業は非常に高度になってしまったため，単純なライフサイクルモデルでは扱えなくなってしまった．しかし，現在の立ち位置に至るためには，これらのモデルが必要だったのである．
- 考え方の議論
  時間的な順序づけられたプロジェクト内のフェーズとして，分析，実装，検証と妥当性確認について説明していないが，ソフトウェア開発の作業として，それらの典型的な性質を理解することは，依然として有用である．
- 教育上の議論
  ソフトウェア工学を教える際に，各フェーズの作業を説明し，フェーズ間の理想的な線形の順序について考え，ソフトウェア開発が成功するためには，より柔軟でなければならないかを説明する上では，ライフサイクルモデルは便利である．

今日のソフトウェア工学の論文において，ウォーターフォールモデルに残された存在価

値は，主として教育上の議論にしかない．このモデルは，より良い手法について議論を可能とする引き立て役なのである．この役割は重要である．政府に絶対的な権限がある，つまり，君主制について議論をする政治科学コースについて考えてみよう．教授は，おそらく，州の首長としてのルイ14世のような君主制に賛同させようとすることはないだろうが，なぜ民衆がそのようなシステムを適切と考えたのか，近代的な考え方を適用するためのどのような教訓が得られるかについて，分析するだろう．

今日，ウォーターフォールは疑わしいと思われているが，その役割を超えて，アジャイルのウォーターフォール非難は正しいのである．

分類なのか，規範なのかはさておき，30年前にマクラッケンとジャクソンが批判したにもかかわらず，ライフサイクルモデルはなくなっていないのである．例えば，スクラムの研究において我々が学んだことの多くは，継続的な1か月のスプリントや，伴って行われる特定の計画とレビューのフェーズといった，ライフサイクルモデルであったのだ．物事を秩序立てるためのガイドとして利用している限りは，ライフサイクルモデルは，どのような工学の努力をも構造化することに役立つ可能性があり，創造性を妨げるようなことはないのである．

ライフサイクルモデルについて議論すると，ジークムント・フロイト(Sigmund Freud)の本のタイトルの用語である Totem（象徴）と Taboo（禁忌）の間を行き来しがちである．しかし，どちらも適切ではない．どのようなプロジェクトにとっても，予測し進捗を確認するための一時的な仕組みは必要となる．この仕組みは，ウォーターフォールの考え方に影響を受け，より逐次的になることもあるが，スクラムの思想のようにより反復的になることもある．もしくは，これらの考え方の組合せとなることもありうる．このような仕組みを定義し，標準化することは，プロジェクトが成功する要因の一つでしかないのである．

3.5 ラショナル統一プロセス

影響力の大きなアプローチとして，ラショナル統一プロセス(RUP)がある．RUPは，ウォーターフォール型ではあるが，反復的なライフサイクルモデルであり，多くの推奨されるソフトウェア工学のプラクティスが組み合わされている．RUPは，後にIBMの一部となったRationalという会社において開発されたものである．

RUPの最も重要な貢献は，反復した開発，要求の管理，コンポーネントベースの開発，

ソフトウェアの可視性のモデル化，継続的な品質検証，変更の制御という，6つの推奨されるプラクティスの組合せを提供したことである．一つを除くすべては，ソフトウェア工学で広く受け入れられているものと一致するのである（例外は可視化された表現の推奨であり，これは他のものと同じような原則というよりはテクニックであり，同じくRationalが開発したUML図の表記との関連を規定している）．

ライスサイクルモデルは，inception, elaboration, construction, transition というプロジェクトの4つのフェーズに関与する．最初の3つは，要求，設計，実装の別な名前のように見えるだろうし，実際にそうだ（RUPの文献では，様々な色の図を利用して，これらのフェーズを説明しているものの，その違いは一般的な人にとってはほとんどないのである）．Transitionとは，配備の別名である．1970年当時は，ソフトウェアの課題はシンプルであり，配備の概念は古典的なモデルには登場していないが，重要なソフトウェアプロジェクトにおいては，実際に非常に重大な観点である．銀行に勤めており，ATMを操作する新しいプログラムを書き終わったとしよう．もし，このシステムが何十もの言語で，異なる制約や規制のある100個の国で配備されるのであれば，まだ困難を脱していない．その他のプロジェクトにおいて必須なフェーズと同等の役割を配備に持たせたことは，RUPの貢献の一つである．

RUPは，アジャイル界隈では一般的ではなく，アジャイルの支持者にとっては，実際には，（悪い）事前の大掛かりな手法の一例 [10] となりうる．「反復的」と言われるにもかかわらず，アジャイルの観点から見れば，ライフサイクルは非常に逐次的なのである．しかしながら，そのプラクティスは，アジャイルと特に不整合を引き起こすものではない．「要求管理」でさえ，アジャイル的な解釈が可能である．要求は，ユーザストーリーという形で，プロジェクトを通して反復的に定義されるのである．また，RUPの継続的な品質検証という思想には，間違いなくアジャイルの精神が表れている．

3.6 成熟度モデル

ライフサイクルモデルの流れの中で，より重要な問題を解決するものとして，成熟度モデルについて，1980年代に議論し始められるようになった．その中で，国際標準蚊団体の標準としてのISO9000シリーズや，よりソフトウェアに固有の能力成熟度モデル (CMM) が提案されてきた（CMMは，カーネギーメロン大学に本拠地を置くソフトウェア工学の

機関が，アメリカ国防総省のために開発したものである）．以降，CMM は様々な産業領域に適用可能なモデル群へと拡張され，CMMI（I は統合 (Integration) を意味する）となった．本節では，この CMMI について議論したい．

注：もしあなたが CMMI のほかのプレゼンテーションを見たことがある場合，以下の説明をすぐには理解できないかもしれない．公式の CMMI のドキュメントでは，ひどいお役所言葉で書かれているため，単純な表記すら分かりにくくなっており，結果として，30 ページもあれば快適に説明できるようなことが，482 ページにも及ぶドキュメントになってしまっている．CMMI がアジャイルの実践者やその他多くの人々を遠ざけているのは無理もない．私でさえ，その壁をとりはらい，CMMI は，尊大な態度にもかかわらず，実際には有益なソフトウェア工学の概念を紹介していることに気付くのには，長い時間を要したのである．以下，その概念を明確な表現で要点をまとめてみたので，参考にしてほしい [90, 65]．

3.6.1　CMMIの明確な表現による概要

　CMMI とは，識別されたゴールへの到達を支援し，組織のコンプライアンスの評価が可能となるように，詳細に規定されたベストプラクティス集なのである．プラクティス，ゴール，評価という3つの概念がその中心となっている（この手法に対するより単純ではるかによい名称は，「評価可能なプラクティス集」だろう）．

　ほとんどの CMMI のプラクティスとゴールは，「プロセスエリア」に固有のものとなっている．プロセスエリアとは，ソフトウェアプロセスの明確に識別可能な要素であり，それ自身に課題や作業が紐付いているものである．例えば，構成管理，プロジェクト計画，リスクマネジメント，サプライヤーの同意管理（契約相手との関係の制御）などがその一例である．さらに，CMMI では，プロセスエリアによらず適用可能な，一般的なゴールとプラクティスも定義されている．

　構成管理のプロセスエリアを例に，特定のゴールとプラクティスについて考えてみよう．プログラムモジュール，テストケース，ハードウェア資産といった，ソフトウェアプロセスに関わる様々な物の識別と位置管理を，プラクティスとゴールとして考えるかもしれないし，それらの物の変化は厳密な規則に従うことになるだろう．構成管理においては，

- 明確なゴールの一つは「ベースラインの設定」である．ここで，ベースラインとは，定められた規則において管理される対象の一覧を意味する．

- そのゴールに対する明らかなプラクティスの一つは,「構成要素を特定する」ことである．このプラクティスにおいて，構成管理の制御下に置かれるであろう基本的な要素（プログラムモジュール，テストケース，ハードウェア資産）が定義される．
- また，そのゴールに対して,「構成管理システムを設立する」というプラクティスも存在する．

一般的なゴールは 2, 3 しかない.「管理されたプロセスとして，プロセスを制度化する」というものはその一つである．ここで，CMMI の文脈における特別な意味を持つ「管理されたプロセス」という言葉が利用されている．この管理されたプロセスというのは，明確に定められたポリシーに従って計画されたプロセスであり，能力のある人たちを採用し，その管理下にあるプロセスである．また，プロセスを制度化するとは，そのプロセスが単に実行されるようになるだけでなく，明確な宣言の下，組織が完全にそのプロセスを支援している状態にすることである．この一般的なゴールを支えるプラクティスとしては,「プロセス計画」が存在する．

さらに，特定のプロセスエリアの具体的なプラクティスが，一般的なゴールを支えている場合もある．例えば,「プロジェクト計画に，構成管理計画を含める」といった構成管理のプラクティスは，先ほど紹介した一般的なゴールを支持している．

CMMI の 3 つ目の主要な観点は評価であり，これにより，ゴールとプラクティスが補完される．モデルにより，ソフトウェアを開発した組織が，同様のプロセスの品質に対する評価が可能となる．製品ではなく，プロセスである．評価をすることだけが，ソフトウェアの生産の仕方に対して影響を与えられるのである．

製造されたものに対する品質については，結果として間接的に推定せざるを得ない．例えば，CMMI を適用することは，バグがないことを保証することはできない．しかし，構築の手順が，バグの発見と追跡のための詳細なポリシーに基づいていたかといったソフトウェア品質の評価方針に従っているかを評価することができる．

2 種類の評価があり，それぞれ，能力と成熟度の尺度と対応している．継続した評価は，特定のプロセスエリアの評価を管理し，段階的な評価は，組織の全体的なプロセスの状態を評価する．なお，ここでは，段階的な評価については扱わないこととするが，組織の成熟度の拡大に対する 5 段階の基準が定義されている．レベル 1 とは，プロセスがほとんど管理されていない，あるいは，全然管理されていない状態である．

勝手に CMMI のレベルを宣言することはできない．認定された監査役による査定プロ

第3章 敵は大掛かりな事前作業のすべて

セスを受け，そのレベルであることを証明する必要がある．レベルの飛び級をすることはできず，あるレベルの査定を依頼するためには，その一つ下のレベルの認定を受けていなければならない．

次のレベルに行くために，一般的には数か月の期間と数十万ドルの費用が必要となってしまうのは，深刻な問題である．アジャイルにおけるスクラムのように，CMMI は中小企業向けに支援をしており，認定された監査役や，コンサルタントが企業が望むレベルに到達する支援をしてくれる．

連続するレベル（レベルは 2 から始まり，各レベルはその前のレベルの性質を含んでいる）は，組織のプロセスの理解と制御の拡大の度合いが反映される．

1. 初期のレベルは，「プロセスは通常アドホックで混沌としている」「成功は巻き込まれた人々の完全性と勇気に依存しており，実績のあるプロセスによるものではない」など，CMMI の中では否定的な表現で説明される．アジャイルの発表において，非アジャイルなプロジェクトを忌まわしい状態として説明するのと同じだろう．続くレベルで定義された CMMI の導入を本格的にし始めた状態である．
2. 管理されているプロジェクトのためのプロセスが存在し，適切なリソースが利用可能であり，ステークホルダーからの支援も得られる状態である．
3. 定義されているプロセスはドキュメント，手順，ツールを通じて詳細に規定されていて，これらの規定が全組織のレベルで存在しているため，プロジェクト独自の変更が必要となった場合でも，その共通基盤を調整することができる状態である．
4. 定量的に管理されている品質と性能の数値的な指標に従って，プロセスが適用されており，統計的な制御技術で評価されている状態である．
5. 最適化されているプロセスに，独自の評価と継続的な改善（フィードバックループ）の仕組みが組み込まれている状態である．

各レベルは特定のプロセスエリアを含んでおり，そのレベルに到達するためには，対応する特定のプラクティスを導入する必要がある．例えば，

- いくつかのプロセスエリアにおけるレベル 2：プロジェクト計画，構成管理，サプライヤーとの合意管理
- レベル 3：要求開発，検証と妥当性確認，リスク管理
- レベル 4：定量的なプロジェクトマネジメント

- レベル5：柔軟な分析と解決（発見された欠陥の原因特定と，その除外の仕組み）

CMMIの評価の観点，特に，1から5に区分されたレベルは，この手法の最も分かりやすい部分である．しかしながら，核となる貢献を忘れないでほしい．一般的，および，特定の管理に対するプラクティスのカタログを定義したことが，主要な貢献なのである．

CMMIと1980年代に評価手法を開発した元々の動機は，世界最大のソフトウェア製品とサービスの消費者であるアメリカ国防総省が，適切なレベルでの品質を強制し，客観的な根拠に基づいて，サプライヤーを選択するためであった．

CMMIは，意図しないものであったが，近代的なソフトウェア産業の開発における主要な役割も担ったのである．西洋の顧客からの信用を確立するために，インドのアウトソース企業がCMMIに飛びついたのである．最初にレベル5を達成した多くの企業は，インドの企業であったのだ．国防総省がサプライヤーとして機能し，アウトソーシングの会社が，CMMIの主要な採択であり続けたのである．

3.6.2 パーソナル・ソフトウェア・プロセス

CMMIは組織のためのものである．より厳密に言えば，意図していないかもしれないが，少なくとも実際問題としては，コストがかかることから，大きな組織向けのものである．以前にIBMのマネージャーを努め，CMMIのために多くのひらめきを与えたワッツ・ハンフリー (Watts Humphrey) は，広く認められたプラクティスを体系的に適用する [43] という，CMMIの核となる考え方を，企業が必要とするかにかかわらず，すべてのプログラマーが個人の仕事のレベルで適用可能な推奨へと変換する必要性を自覚していた．その努力の結果が，パーソナル・ソフトウェア・プロセス (PSP) である．ハンフリーは，PSPだけでなく，チームのためのTSPも発表したのである．

TSPとPSPは，あまり注目されることもなく，通常アジャイルの著者からは否定的にみられるが，基本的な考え方は注目に値する．PSPは，計画–設計–コーディング–コンパイル–テスト–事後分析という厳格で時代遅れのライフサイクルモデルに基づいており，個々のプログラマーにとっては，すぐにPSPの興味を失ってしまうものである．私自身も，最初と最後のフェーズ以外は，もはやPSPに従って実施したりはしない（アジャイルの支持者は，最初のという表現は見なかったことにしてほしい）．しかし，PSPの価値は他のところにあるのである．その価値とは，特定の技術に関連するものではなく，ログを保管し，費やした時間を記録し，バグを記録し，統計的な品質管理手法（リーンプログラミングの

考案者など，アジャイルの支持者も詳しく説明している）を適用するという，これまでと変わらないエンジニアの働き方を推奨したことである．このアドバイスは，産業界では広く適用されていないし，あまり知られていないが，今日の技術が変化した世界においてさえも，すべてのプログラマーがPSPを学ぶことは有益である．

3.6.3　CMMI/PSPとアジャイル開発

　アジャイルとCMMI（もしくは，今，説明したPSPの良い面）の考え方の間に根本的な矛盾は存在ない．アジャイル開発は，特定のプロセスやプラクティスを規定し，CMMIは，そのプロセスやプラクティスを体系化するように会社に求める．CMMIは，企業がどうあるべきかについては言及せず，アジャイルの手法の中には，CMMIの規定に沿うものも存在しうる．

　一般的な感じ方は異なり，CMMIとアジャイルはしばしば，水と油のように相いれないものとして考えられる．文化的な観点から，この２つのコミュニティは確かに異なる．CMMIは制御・計画・文書に注目しているが，アジャイルはこれらすべての無駄を排除し，コードとテストのみを信頼している．CMMIの計画志向の部分は確かにアジャイルの実践者が受け入れるのは困難であるが，ほとんどのプラクティスは，CMMIのコンテキストにおいても置き換え可能である．ポッペンディークは，CMMIのようなモデルに対し，主として次の２つの点で批判をしている [56]．

- CMMIは，理想的なプラクティスとは言えないものを標準とするかもしれず，変化に対する偏見を生むかもしれない．しかし，その側面は上位のレベルにおいてのみ優れているのであるが，CMMIは明示的に自身の改善プロセスを育てる．
- 頻繁に実施されるため，CMMIのモデルでは，設計や意思決定の権限を開発者から奪い，組織の上層部の制御化におこうとする．実際，この現象がCMMIのモデルにおいて起こるとしても，頻繁に実施されるため，中央集権型であろうがなかろうが，特定の管理モデルを適用する必要はないのである．官僚主義的な構造を強制するのは，モデルの問題ではなく，企業の問題であると解釈することができる．

　CMMIは万人のためのものではなく，組織としての主要な誓約が必要であり，通常は規制義務や商業的なインセンティブため，特定のレベルの承認を受けようとする．CMMIはあなたの好みには合わないかもしれない．しかし，もし気に入ったのであれば，魅力的なア

ジャイルの考え方も見つかるだろう．ジェフ・サザーランドが紹介するスクラムを使って CMMI のレベル 5 を取得するための貢献 [48] など，既に存在する数多くの報告を見れば，CMMI とアジャイルの両方の考え方を統合することは可能だということが分かるだろう．

アジャイルにおいて至るところで行われる，執拗に排他する方法とは，明確に異なり，このような統合は，本書の中で繰り返す次の見解を裏付けるものなのである．アジャイル開発は，突然，ソフトウェア工学の古典的な技術をすべてを時代遅れのものにしてしまうような津波ではないが，しかし，増加・拡大し，そこかしこで使われ，部分的に置き換えられてきており，機能することも証明されてきている．

3.6.4 アジャイルの成熟度モデル

予想どおりに，多くの著者が 5 段階のアジャイル成熟度モデルを提案した [82, 11]．そのうちの少なくとも一つは，表向きはエイプリルフールの日に提示された．どれも模倣でしかなく，必要であれば，アジャイルにおいても 5 段階の指標を持つことができることを示そうとしたにすぎない．それらがまじめに検討し，先入観なく分析された結果であるとするならば，なぜ，それらすべてはちょうど 5 段階の指標なのだろうか．

評価指標は CMMI の最も知られている観点ではあるが，プラクティスとゴールとともに 3 つの重要な観点のうちの一つでしかない．アジャイル開発にも，独自のプラクティスとゴールが存在する．アジャイルプロジェクトの統制を評価するような大規模の組織はないが，個人に対するスクラムにおける重要な役割であるスクラムマスターの認定資格などは存在する．

CMMI におけるレベルと密接で同等と言えるであろう指標について，アジャイルも言及している [22, 8]．守破離の 3 段階である．この言葉は日本の武術用語に由来するものであり，一連の学びの段階を意味しており，アジャイル開発においては，次のように，アジャイルチームがこの手法を習得するための道のりとして使われている．

- 守：遵守するという言葉であり，単に学び，そのとおりに適用している状態である．
- 破：分離を意味する言葉であり，中心となる規則を抽象化することができ，様々な用途に合わせて組み合わせることができる状態である．
- 離：超えることを意味する言葉であり，既存の規則と手法を超越し，必要があれば独自の解決策を考案できる状態である．

第3章 敵は大掛かりな事前作業のすべて

　漢字の派手さによるアジャイルの守破離という表現よりは魅力に欠けるが，学士，修士，博士という段階を思い浮かべる人がいるかもしれない（教育分野では，同様の考え方が，ドレフュス・モデルと呼ばれる有名な5段階の指標の根底となっている）．CMMIのレベルと比較すると分かりやすいが，特に，守破離における最終段階は，CMMIのレベル5（最適化されている）に相当するのである．

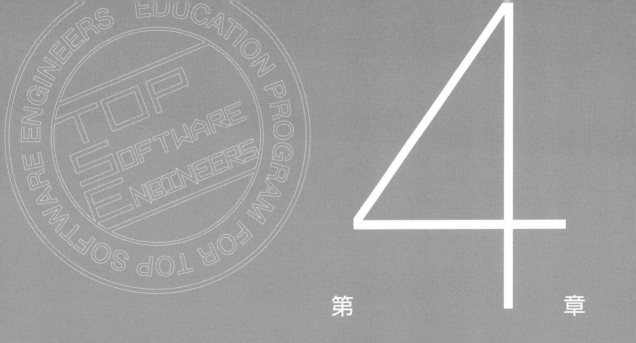

第 4 章

アジャイルの原則

アジャイル開発の基本となっている特定のプラクティスや成果物には，いくつかの一般的な原則がある．原則とは，どのようにソフトウェアは開発されるべきかという普遍的な観点を表現した方法論的な規則である．本章では，これらの原則とアジャイル開発の本質を学ぶとしよう．

4.1 原則とは何か？

方法論の背景を明らかにするために，まず，原則として何が適格で何がそうでないかを思い起こすことは有用である．良い方法論の原則は，抽象的であると同時に，反証可能であることだ．抽象的であるかどうかが，プラクティスと原則の違いであり，反証可能であるかどうかが，常識との違いである．抽象性があるため，原則とは一般的な規則であるべきであり，特定のプラクティスではないことを意味する．「将来のために確固とした財務基盤を築く」は原則であり，「毎月，稼いだ金額の 10 ％ を貯蓄口座に貯金する」はプラクティスである．この例でもそうであるし，後の章で扱うアジャイルのプラクティスの場合もそうであるのだが，プラクティスとは，原則を実現する手助けとなるものである．

反証可能であるとは，分別のある人が，その原則に同意しない場合もあることを意味する．ソフトウェア開発の品質を追求しないという人はいないので，例えば，「ソフトウェアの品質を追求する」という言葉に同意しない人はいないはずである．このように提案した規則に同意できない人がいないのであれば，その規則は正しいが，興味も持たれない．原則となるべき規則に対しては，自身の意見とは関係なく，それを否定しようとする人を思い描けるはずである．「テストファースト」という規則は，この基準を満たしている．テストより前にプログラムを書くべきだと主張することもできるし，プログラムより先に，テストではなく，仕様を記述すべきだと主張することもできるのである．「ソフトウェアの品質を追求する」といった，その否定を擁護することができない規則は，原則ではなく，常識である．

この章で見ていく原則はこれらの要求を満たしている．プラクティスも重要であるが，別の章で扱いたいと思う．常識については，アジャイルに限らずいろいろな文献で時々登場するが，扱うのはやめておこう．

なお，原則は一般的に規範的であり，説明的ではない．事実や性質に言及するのではなく，行動の方向性を示す．例えば，「隣人の妻を欲しがってはいけない」などがそうであ

る．これは，非技術的な領域における原則にとっては絶対的なものではない．「最善はしばしば善の敵になる」という言葉は，規範的な表現ではないが原則である．しかし，ソフトウェア開発手法を管理する原則としては，規範的な形式にするのは良い考えである．本章で紹介する原則も同様に規範的な表現である．

4.2　公式な原則

　最初の章で述べたように，アジャイルソフトウェア開発宣言では 12 の原則 [3] を置いている．それらは公式な見解を述べているので，まずはこれらから見ていこう．

公式なアジャイルの原則
1. 顧客満足を最優先し，価値のあるソフトウェアを早く継続的に提供します．
2. 要求の変更はたとえ開発の後期であっても歓迎します．変化を味方につけることによって，お客様の競争力を引き上げます．
3. 動くソフトウェアを，2-3 週間から 2-3 か月というできるだけ短い時間間隔でリリースします．
4. ビジネス側の人と開発者は，プロジェクトを通して日々一緒に働かなければなりません．
5. 意欲に満ちた人々を集めてプロジェクトを構成します．環境と支援を与え仕事が無事終わるまで彼らを信頼します．
6. 情報を伝える最も効率的で効果的な方法はフェイス・トゥ・フェイスで話をすることです．
7. 動くソフトウェアこそが進捗の最も重要な尺度です．
8. アジャイルプロセスは持続可能な開発を促進します．一定のペースを継続的に維持できるようにしなければなりません．
9. 技術的卓越性と優れた設計に対する不断の注意が機敏さを高めます．
10. シンプルさ（ムダなく作れる量を最大限にすること）が本質です．
11. 最良のアーキテクチャ・要求・設計は，自己組織化チームから生み出されます．
12. チームがもっと効率を高めることができるかを定期的に振り返り，それに基づいて自分たちのやり方を最適に調整します．

第 4 章　アジャイルの原則

　このリストは，アジャイルソフトウェア開発宣言からそのまま引用しているものであるが，雰囲気を作るためには有用であるが，このリストに従って作業をすることはできない．より正確で利用可能な原則を把握するために，まずは整理するところから始めてみたい．公式な原則は以下の点が不足しているのである．

- プラクティスが含まれている (A6，A12)．
- 常識が含まれている (A5，A9) 意欲のない人がいるプロジェクトの構築の支援は誰もしない．
- 規範的ではなく，主張であるものがある．もちろん，直に規範と見なせるものであれば問題ないが，主張が間違っている場合は問題である．例えば，A7 は，「動くソフトウェアをも重要な進捗の尺度として扱おう」と言い替えることができるので，問題ない．A10 を当り前と見なすのであれば，シンプルであることとは，未完了の仕事を最大化することではない．シンプルさを追求することは，意味のある原則である．そのため，シンプルであることとは，未完了の仕事量を最大化することである．しかし，これらは異なる原則である（以下で検証するが，これは重要なことである）．規範的な形を維持すれば，このような混同を防げるだろう．
- それぞれ独立した規則が望ましいが，ここで列挙された原則は部分的に冗長である．頻繁にデリバリーすることは A1 と A3 で言及されており，動くソフトウェアの重要性は，A3 と A7 で言及されている．
- 一方で規則は明らかに不完全である．品質保証のためにテストに注目することが，アジャイル開発の主要な要素であり，原則的な貢献であるにもかかわらず，テストについて触れた規則はない．

4.3　利用可能なリスト

　公式な原則のリストの代替として，概要の章の 1.2 節で紹介したアジャイルな原則の分類を利用したい．そのリストをここに再掲する．

アジャイルの原則

組織

1　顧客を中心に考えよう
2　自己組織化チームにしよう
3　継続可能なペースで仕事をしよう
4　最小限のソフトウェアの開発しよう
　　4.1　最小限の機能を開発しよう
　　4.2　要求されたプロダクトだけを開発しよう
　　4.3　コードとテストのみを開発しよう
5　変化を許容しよう

技術

6　反復的に開発しよう
　　6.1　イテレーションごとに機能を開発しよう
　　6.2　イテレーションの間は要件を固定しよう
7　テストを重要なリソースとして扱おう
　　7.1　すべてのテストが通るまでは，新しい機能には着手しないようにしよう
　　7.2　テストファーストでやろう
8　シナリオを使って要求を表現しよう

まず，組織の原則について見て，その後，ソフトウェア特有の技術の原則について見ていこう．

4.4　組織の原則

組織の原則は，プロジェクトマネジメント，スケジューリング，チーム構成に影響する．

4.4.1　顧客を中心に考えよう

「顧客志向である」というのはビジネスにおいては常識である．アジャイル開発は，このアイデアを真摯に取り上げ，開発を通じ，顧客に密接な関わりを求めるのである．

第 4 章　アジャイルの原則

多くの伝統的なアプローチでは，顧客は特定のタイミングでのみ関与する．顧客は，厳密に制御されたプロセスの一部である要求フェーズにおいて，要求インタビューやワークショップを通して，情報を提供する．そして，最後の段階である「ユーザ受け入れテスト」まで関わりがないのである．ここまで極端なことは少ないのではあるが，組織によっては，これらの間のフェーズにおいては，顧客と開発者のやりとりを禁止することすらあるのである．アジャイル開発では，顧客とのやりとりはプロジェクトを通して起こるものである．ケント・ベックは，次のように述べている [92]．

> 真の顧客と一緒であれば，より良い結果を得られるだろう．真の顧客とは，喜ばせようとしている対象のことである．顧客が全くいない場合や，真の顧客の代理人しかいない場合は，使用されない機能を開発したり，実際の受け入れ基準を反映しないテストを規定するなどの無駄が生まれやすく，プロジェクトの様々な観点を最もよく知っている人との真の関係を構築する機会を失ってしまうのである．

アジャイルなプロジェクトにおいては，顧客は，通常のミーティングにおいても歓迎され，開発者と自由にやりとりができ，イテレーションの成果としての製品を試す機会があるのである．より先進的な手法においては，顧客が開発チームに参加することを推奨している．

顧客の関与を強調することで，ユーザの要求に適切に対処していないソフトウェアシステムを構築してしまうというソフトウェアプロジェクトの大きな危険の一つに取り組んでいるのである．早くも 1981 年には，ベームによる古典 *Software Engineering Economics* [17] では，ただ一点を除き，信頼性，パフォーマンスなどはすべて正しいシステムを製造したプロジェクトにおける失敗が言及されている．それらのシステムでは，ユーザが望んだこと，必要なこと以外の問題を解決していたのである．同様に古典であるが，ラッツ (Luts) は，NASA の主要なミッションにおける，ソフトウェアに関する安全性のエラーの原因の実践的な分析をし，次のように報告している [54]．

> 安全性に関する機能の欠陥の主要な原因は，要求の認識（理解）における間違いである（ボイジャーの場合で 62%，ガリレオの場合で 79%）．

しかし，このような調査を見ると，アジャイルの実践者が嫌うように事前に詳細な要求を記述することに，より一層の努力を払うべきだという主張も成立しうるのである．

顧客参加の奨励は，アジャイルの重要な貢献である．問題なのは，このような顧客とのやりとりが，要求に取って代わるという強い主張なのである．このような顧客は存在しないため，このような動向は危険である．どんな重要プロジェクトにも，次に挙げるような多くの種類のステークホルダー（顧客よりも一般的な関係を表す単語）が関与しているのである．

- 将来のシステムのユーザ：直接のユーザではないが，例えば，オンラインのイベント予約システムにおける，イベントスタッフ，劇場や会場のオーナー，イベントの参加者，アーティスト，代理人，プロデューサーなどである．
- 役員：顧客企業のために働いているが，会社ポリシーと将来の進化の統合といった問題について特に心配している人たちである．
- 購買代理人，弁護士等

こうしたステークホルダーは，しばしばニーズや優先順位で衝突する．その対立に目を向け，可能であれば解消することは，まさしく，良い要求プロセスの役割なのである（要求ワークショップが，個々人からの要求抽出セッションをうまく補完できるのは，このためである）．そして，責任者，つまり，プロダクトオーナーに結論を出してもらうのである．

仮にこの形式的なプロセスを，ステークホルダーと会話をするというプラクティスで置き換えると，この議論に参加したステークホルダーの観点だけに合致するように解釈してしまう危険がある．いずれにせよ，参加したステークホルダーは最高の情報源ではないかもしれない．その視点が本当に重要であるような人は最も忙しいかもしれないし，集中的な要求ワークショップのためには時間を確保するかもしれないが，すべての開発者が質問をするために部屋に入っていけるように扉を開けているわけではない．組織に対してそれほど重要な仕事をしていないので，まさに時間を持て余している人の影響を受ける機会はある．このリスクが，顧客代表が開発チームへの参加を規定するというこの手法の特に重要な点である．管理層がアプリケーションドメインの専門家と思われる人を，何としてもプロジェクトにアサインしようとして，その彼，または，彼女をそのドメインの業務から外したとしたら，最も適格な人は誰なのか疑問に思うだろう．

Beckは，ただ一人の意見を聞くことのリスクを認め，次のように言っている [92]．

> 顧客参加に対する反論は，ある人にとっては確かに望むシステムを手にできるが，その他の人にとってはそのシステムはもはや適していないだろうというものだ．

第4章 アジャイルの原則

彼は，その反論に対して次のように回答している．

> 誰の問題も解決しないシステムに特化させることよりも，うまくいったシステムを一般化するほうが簡単である．

ここには，議論の余地がある．うまくいったシステムは，その他のニーズを満たすためには完全に再構築が必要なほど，特定のユーザのニーズに特化しているかもしれない．誰の問題も解決しないシステムは，しっかりとした基礎があるかもしれないし，ひどいユーザインタフェースを持っているが修復可能かもしれない．Beckの見解を受け入れたとしても，プロジェクトを通して何人かのユーザと話をすることで，プロジェクトの特定の段階においてすべてのステークホルダーの観点を収集しようとする必要がなくなる理由とはならない．そのような要求フェーズの拒絶は，非常に無責任だと分かるだろう．

4.4.2　自己組織化チームにしよう

アジャイル開発は，開発者にタスクを割り当てるといった伝統的な役割を管理者から取り上げる．開発チーム自身で自身の仕事を組織化する能力があるということに絶大な信頼を置いているのである．特に，スクラムはこの点に関して体系立てられており，プロダクトの機能について決定するプロダクトオーナーと，チームがスクラムを実践する手助けをするスクラムマスターの管理の下で，伝統的な意味でのプロジェクトマネージャーを廃止して，チームに権限を与えて，チーム自身で意思決定をする．これらの役割については，次節で紹介しよう．過去にひどいプロジェクトマネージャーに苦しんだ経験のある多くの開発者にとっては，この考えは，アジャイル開発の最も素晴らしく魅力的なものの一つであろう．アジャイル開発に対する批判的な長いブログ記事に対して，XPとスクラムの擁護者は以下のように記述している [93]．

> これらの手法の最も重要な特徴は，所属している人（仕事をしている人）に公平にプロジェクトのマネジメントを行わせることである．何をいつ完了させるのかに対して，実際に仕事をしている人が最終決定権を持っている場合は，プロジェクトは予定どおりに完了するのである．

もちろん，マネージャーの必要性はなくならない．一つには，企業とはそのように機能するものであるからである．そして，元々の（ソフトウェアではない）スクラムの考案者

4.4 組織の原則

の言葉の一つとして,「繊細な制御とは,プロジェクトチームの特性を自己組織化することである」[28, 71] というものがある.ソフトウェアにおけるスクラムの考案者であるケン・シュエイバーとジェフ・サザーランドも,次のような言葉で,繊細な制御という考え方を強調しているのである [81].

> 相互に刺激し合うことによる制御と「愛による制御」が,繊細な制御の基本となる.チームの動的な動きが,集団の(無意識の)暗黙知を明みに出し,ソフトウェアという形の形式知を生み出す.

チームは自己組織化されていると言われ,「暗黙知」と「無意識」の技術によって繊細に制御されているという事実を突然知らされたとすれば,この言葉はいくぶん不気味かもしれない.愛という言葉に安心するかもしれないが,必ずしもそうではない.

おそらく,好みの問題であろう.私が管理されているのであれば,秘密の制御技術の対象となって自己組織化されていると言われるよりも,個人的には,上司がいるほうがよい.実際,アジャイルの文脈において,管理者という役割ははっきりしない.「それは共通の誤解であり,アジャイルプロジェクトにおいては...」というように,この話題に関するコメントは,否定的な形となる傾向がある.この主張は正しいかもしれないが,なぜ,そもそも「誤解」が起こるのか,そして,もっと重要なことには,管理者の適正な(誤解されていない)役割とは何なのかは分からないのである.例えば,ケン・シュエイバーとジェフ・サザーランドは,次のように述べている.

> プロジェクトの開発チームは自立しているが,彼らは制御されていないわけではない.

またコーンは,次のように述べている.

> アジャイルのプロジェクトマネジメントに関する共通する誤解は,自己組織化チームを信頼しているため,チームリーダーの役割はないか,ほとんどないというものだ.これは,全くの偽りだ.フィリップ・アンダーソン (Philip Anaderson) は,The Biology of the Business の中で,次のように,この誤った前提に異議を唱えている.「自己組織化とは,マネージャーの代わりに作業者が組織を設計することではない.自己組織化とは,やりたいことをやらせることでもない.管理層が,事前に有効な行動とはどんなものかを規定する代わりに,個人のやりと

りから発生する行動を進化させていくことに責任を持つという意味なのだ」．自己組織化チームも管理の制御から自由なわけではない．管理層が，どのプロダクトを構築し，一般的には，プロジェクトで誰が働くのかを決める．しかし，チームはそれにもかかわらず自己組織化されている．どちらの場合も管理層からの影響を受けないわけではないのである．そうは言っても，チームに対する誓約や制御は少ないほうが望ましい．

別の言い方をすると，アジャイル開発においても，制御しない部分，または，おそらくあまり制御しない部分を除けば，管理者による制御は存在するのである．

アジャイルの解説においては，たくさんのプロジェクトがやりすぎでもなく，やらなすぎでもない，ちょうどよいバランスを示す逸話として記載されている．しかし，管理者に対するしっかりとした普遍的な原則を探し求めたとしても，管理者がやってはいけないことを示した規則しか見つけられないのである．例えば，どの機能をプロダクトに入れるかや誰がいつどの作業を実施するかは，管理者がやってはいけないのである．これらはそれぞれ，プロダクトオーナーとチームの役割なのである．コーンは，自己組織化とはやりたいことをやらせることではないと主張するが，一つ疑問が残る．そこに差異があるとするならば，些細なものに違いないのである．ダービー (Derby) は，その記事の中で「誤解」に再度言及し，「自己組織化している」状態と，「自己組織化された」状態は異なることを，次のように強調している [35]．

自己組織化とは，プロセスであり，特性であるが，一度完了してそれっきりというものではない．社会システムの観点から見れば，自己組織化しているというのは，チームが新しい手法を考案でき，自身の環境の新しい挑戦に合わせて手法を適用することができるということだけを意味するのである．

「新しい手法を考案し，新しい挑戦に適用する」と聞くと，つまらないことのように聞こえるかもしれない．しかし，強力なコマンド・コントロール型の管理者による伝統的な手法でもそうであるが，きっちりとプロジェクトを導く手法では，メンバーがこのようなことをするのを許容しないだろうし，実際に推奨することはないだろう．自己組織化とは，もっと野心的なのである．ミッタル (Mittal) は，自己組織化しているチームにはメンタリングとコーチングは必要であるが，コマンド・コントロールは不要だと述べている [68]．
次章で説明するが，メンタリングとコーチングは，アジャイルのマネージャーの実に重

要な役割であるが，コマンド・コントロールは，伝統的に管理者が行っていた手法であるという，その見解の否定的な部分は残念に感じる．コーンが指摘したように，コマンド・コントロールが不要な場合もあるが，それは一体何であるのかを知ることが重要なのである．

アジャイルの文献において，結論を出していることはないが，最終的には，一般の感覚から導き出すのは難しいことではない．ほとんどのプロジェクトにおいては，コマンド・コントロールに対処する管理者が必要なのである．特定の一人が管理者の役割を担う軍隊型の欠点は，チームメンバーの創造性を抑えてしまうことである．対極な状態は，メンターやコーチの有無にかかわらず，有能で経験を積んだチームであれば，完全に自己組織化することも可能である．

音楽界における自己組織化の有名な例は，伝説に残るI Musici（イ・ムジチ）合奏団である．イ・ムジチ合奏団は，1952年から活動を続けている，世界最高峰の室内楽団である[1]．

Wikipediaのエントリーには次のような記載がある．「イ・ムジチは指揮者不在の合奏団である．しかし，音楽家同士の関係によって，音楽制作の中で，素晴らしいハーモニーを実現する」．これは正しい！もし，一流のソフトウェア開発者を集めたのであれば，イ・ムジチのようにチームは自分たち自身で管理できるだろうし，あれこれ指図できると勘違いした愚かなツンツン頭のスーツを着た人間（伝統的な管理者）を不快に思うだろう．この対極として，音楽の経験の浅い生徒のグループに，一緒に演奏させてもうまくいかないだろう．経験を積んだプロの音楽家でさえ，通常はこのように演奏はできないのである．そのため，小さな楽団を含めて，ほとんどのオーケストラには指揮者がいるのである．ほとんどのソフトウェア開発チームも同様にプロジェクトマネージャーが必要なのである．

結局のところ，自己組織化チームに対するアジャイルの主張から次のことが分かる．

- 例外的かもしれないが，経験豊富な結束の強いチームは，管理者がいなくても機能するかもしれない．しかし，ほとんどのチームには管理者が必要である．
- 次の開発イテレーションのタスクの選択など，伝統的な管理者としての役割の中にはチームメンバーに任せることができるものもある．
- 管理者はチームメンバーの自主性を促し，チームが，部分的，あるいは，全体的に自己組織化された形で遂行できるように徐々に移行すべきである．マネージャーは，チームメンバーに自発的に振る舞うように働きかけ，徐々にチームが部分的に，全体的に自己組織化されたモードになるように動かす（ダービーの主張のように，自己組織化

---

[1] （訳注）イ・ムジチ合奏団は指揮者を置かないことで有名．

された状態に達するまでは，チームは自己管理できるように進化していくのである）．

4.4.3 継続可能なペースで仕事をしよう

アジャイル開発では，プログラマーが中心的な役割を担い，プログラマーにその能力を最大限発揮できるような作業環境を与えることの必要性を強調する．この観点において，特に強引な結論は，エドワード・ヨードン (Ed Yourdon) が，有名で有用な本の中で，デスマーチと呼んだものを否定した [94] ことである．デスマーチとは，あいまいで日々増大する要求と，短い納期といった非現実的な約束を受け入れ，その上で，圧力をかけ，長時間労働と休日出勤により，開発チームにその約束を守らせるという管理手法である．他に影響力の大きな本としては，トム・デマルコ (Tom Demarco) とリスター (Lister) の *PeopleWare*（1987 年に初版）[33] がある．この本では，明確な言葉で，プログラマーの働き方と，プログラマーに静かで敬意のある作業環境を提供することがどれだけ重要かが説明されている．

コックバーンは，開発者が自由に話をすることができ，開発者の「個人の安全」の原則を奨励するように特に主張してきた．彼は次のように主張している [21]．

> 個人の安全とは，何か困ったときに，報復におびえることなく話すことができることである．スケジュールが現実的でないこと，同僚の設計に改善が必要なこと，もっと頻繁にシャワーを浴びてほしい同僚がいることなどを，管理者に話すことができることなどが，その一例である．個人の安全が担保されていれば，チームは欠点を発見し，修復することができる．もし担保されていなければ，誰もはっきりと言わないため，その欠点はチームに被害をもたらし続けてしまう．

より一般的に言えば，アジャイル開発は，*PeopleWare* の教えと同じであるが，プログラマーに敬意を払うことと，良い作業環境を提供することの必要性を強調している．この考え方は，記述されたドキュメントよりも個人と対話を重視したり，後の章で議論するようなパーティションで区切られた空間よりもオープンな空間を推奨するアジャイル開発の他の面ともよく調和する．ケン・シュエイバーは，アジャイル導入の前後における企業の雰囲気について，次のように述べている [79]．

> Service1st 社の工学スペースを最初に訪問した際は，非常に重苦しい雰囲気だっ

た．人々は，閉じられたドアのオフィスに押し込められるか，パーティションの中に追いやられていたのだ．会話もなく，わいがやもなく，グループで興奮して仕事をしている感覚もなかった．

しかし，その会社は彼を雇ったのだ．そして，2回目のスプリントレビューのときには，次のようになっていた．

すべてが違っているようだった．人々が話し，笑い合い，作業スペースには，活発な会話にあふれていた．

社会政治的なニュアンスは面白い．最初の章で，アジャイルの考え方が，「revolt of the cubicles」として，社会政治的な意味があることに言及した．アジャイルの潮流により，プログラマーの自己主張や，計画，モデル，ドキュメントといった，ディルバート[2]の上司が求める成果物を犠牲にし，コードが最重要であることを称えることが評価されるようになったのだ．

この議論は新しいものではない．早くも1977年には，フィリップ・クラフト (Philip Kraft) の本 [51] では，マルクス主義的な分析が完了していたのである．その本では，今日の構造化プログラミングをはじめとした，大掛かりな事前の技術を利用しようとする兆候を見て，ソフトウェア開発をテイラー主義化し，プログラマーを無言の労働者階級へと落としめようとする管理層による試みであると非難している．マルクス主義的な分析は廃れてしまった．それどころか，アジャイルの信奉者は，ROIや，恥ずかしげもなくその他の資本主義的な目標を強調している．しかしプログラマーを最前線に配置するという点は変わっていないのである．

アジャイルの流派によって，若干差異がある．すべての流派は，プログラマーに力を与えることを奨励しているが，必ずしも同じ理由からではない．特にこの本で取り上げる4つの手法においても，2つの分類がある．

- XPとクリスタルは，真にプログラマーを尊重しようとする動きである．先に引用したコックバーンの言葉は，管理者に対するプログラマーの威厳を回復することに焦点を当てた手法の典型例である．
- スクラムとリーンソフトウェア開発の思想は異なる．これらの手法は，伝統的な産

---

[2] （訳注）米国のコマ割り漫画．

業における生産工学に基づいているのである．これらの手法の考案者は，デミング (Deming)[3]や，トヨタを引用し続けており，無駄を批判し，生産性を奨励している．

2番目に挙げた流派の例として，ケン・シュエイバーは，プロジェクトのスクラムマスタとして，どのように次の納期に間に合わせたのかを，誇らしく詳細に話している [79]．あるとき，重要な開発者の情報なしには，そのプロジェクトを進めることができないことが判明した．その開発者は，2年間で初めて休暇をとってイエローストーンに行ってしまっており，そこでは連絡が取れない，もしくは，そう思い込んでいた．そのとき，熱心なスクラムマスタは，私立探偵を雇い，彼を見つけ出したのである．これは，昔の古き良き管理者に対する思いとは別に，スクラムマスタの権利だけでなく，その権力に組み込まれた制約を使った「繊細な制御」かもしれない．この逸話は，著者の怖いもの知らずの管理スタイルを誇るだけではなく，一般的な教訓を伝えているように見える．混乱させられた読者は，この教訓と，クリスタルが提唱する個人の安全としての，継続可能なペースという原則が矛盾するのではないかと疑問に思う読者もいるだろう．

継続可能性を強調したものとしては，トム・デマルコの別の本 [32] のテーマに従って，XPが推奨する「余裕を持とう」というプラクティスもある．ケント・ベックは，次のような言葉を残している．[15]

> どんな計画においても，遅れた場合にはやめることができるような，大したことのないタスクがある．

そして，

> 余裕は多くの方法で作ることができる．8週間のうちの1週間をGeek Week（仕事に没頭する週）としてもよい．1週間のうち，20%はプログラマーが選択した作業を許容させてもよい．

20%の許容は，有名なGoogleのプラクティス[4]の一部である．

4.4.4　最小限のソフトウェアの開発しよう

アジャイル開発では，単純さを強調する．ソフトウェアに期待する機能の一部しか実現

---

[3] （訳注）アメリカの品質管理の専門家．
[4] 2013年にこの制度を廃止した．

できていなくても，短い期間でソフトウェアを提供することで，ユーザから素早くフィードバックを得ることがその目的である．アジャイルにおける最小主義の思想は，最小限の機能を開発しよう，要求されたプロダクトだけを開発しよう，コードとテストのみを開発しよう，といった形で表現される．これらの内容を順番に検証した上で，最小主義の利点を評価していこう．

■**最小限の機能を開発しよう**

　一般的なアジャイルの見解の一つとして，多くのソフトウェアシステムが膨張に苦しんでいるというものがある．つまり，必要とされない，あるいは，わずかなユーザしか必要としない機能に苦しんでいるということである．開発の際に，これらのために，基本的な機能の開発時間が減り，リリースが遅れてしまうのである．チームが注目すべき内容が見えにくくなり，将来的な維持のための負債を背負い，将来のソフトウェアの拡張の足かせとなってしまうのである．一度，ある機能のシステムが組み込まれてしまうと，ある要素がその機能を利用し，将来的にもその機能に依存してしまうため，その機能を提供し続けなければならなくなってしまうのである．XP によって有名になったスローガンは，「You Ain't Gonna Need It」，または，「YAGNI」である [76]．YAGNI という原則は，いつか必要になるかもしれない何かではなく，今実現しようとしていることに，常に意識を向けてくれる．仮にそれが必要となるであろうと分かっていてもである．

　ポッペンディーク夫妻は以下のように述べている [57]．

> 我々のソフトウェアシステムは，過去に使われてきた機能よりも，多くの機能を含んでいる．余計な機能は，コードの複雑さを増加させ，非線形的にコストを増大させてしまう．もし，半分のコードが不要なのであれば，これは保守的な見積りだが，そのコストは 2 倍どころではない．おそらく，本来必要な金額の 10 倍以上になっているだろう．

（10 という係数が，粗い見積りなのか，本当に計測されたものなのかは分からないが，正確な経験的値を提示している研究を見たことがない．）彼らは次のように補足している [56]．

> ソフトウェア開発の生産性を向上させる最上の機会は，絶対に必要な機能ではない機能を追加しないようにすることである．

つまり，

> いま，コードが必要でないなら，システムにそれを加えることは無駄である．誘惑に打ち勝て．

ということだ．

■要求されたプロダクトだけを開発しよう

ソフトウェア工学の知見からは，目先ではなく，長期的に利益を生み出す次の2つのソフトウェアの品質の向上を目指すことが奨励される．

- 拡張可能性：将来の拡張，特に，将来のユーザのニーズを支援するようなアーキテクチャを考案する
- 再利用可能性：ソフトウェアの要素を，現在のプロジェクトにおける役割だけでなく，可能な限り一般化し，そのプロジェクトや将来のプロジェクトでも再利用できるようにすること（これができると，それらはソフトウェアコンポーネントとなる）．

アジャイル開発においては，これらは重要な目的ではなく，ましては，目的ですらないかもしれない．重要なことは，いまここで動くソフトウェアを開発することである．いま，必要とされている以上のことを解決する何かに対して，アジャイル信奉者が持つ不信感を表している典型的な言葉を2つ引用してみよう．

ウォード・カニンガム (Ward Cunningham) は以下のように述べている [44]．

> 常々，できる限りのことをやるべきと教えられてきた．常にチェックインしなさい．常に例外を探しなさい．常に最も一般化した場合を扱いなさい．常に意味のあるエラーメッセージを出しなさい．常にこれ．常にあれ．やらなければいけないと思っていることがたくさんあるため，考える余裕がないのである．すべてを忘れて，たぶん機能する一番単純なことは何か？と，自身に問いかけてみてほしい．

「たぶん機能する一番単純なことをやろう」というフレーズは，アジャイルの信念となっている．これは，YAGNI のようであるが，YAGNI のような略語は存在しない．ロン・ジェフリーズ (Ron Jeffrieis) は，再利用を考えた設計をしても価値がない理由を次のように説明している [76]．

プロジェクトが同じチームによって実施されていなければ，再利用を効果的に行うのは非常に難しい．自分で再利用可能なプロジェクトのある部分と，他人が同様に再利用できるようにその部分をパッケージ化したものとは，大きな違いがあるのである．自分でやりたいとは思えないパッケージ化の作業，つまり，ドキュメントを作成し，より間違いなく使えるようにし，無意識やってしまったその場しのぎ問題を取り除き，そのパッケージの支援し，質問に回答し，利用方法を教えなければならないのである．これらを実施するのは，非常に高くついてしまうのである．しかし，もしやらなければ，他の人が使うことは難しく，ほとんど役に立たなくなってしまう．

必要があれば，抽象化を導入する．別な文脈で，再度，抽象化が必要となれば，それを改善する．しかし，プロジェクトの目的が他人のプロジェクトのためのプログラムを構築するのでなければ，他人のプロジェクトのために，自分の時間とコストを無駄にしないようにする．

このような主張を見つけると，頭を抱えざるをえない（このような主張を数多く紹介するので，この本は育毛治療の割引クーポンを添えたほうがよいかもしれない）．その他の多くの場合も同じなのだが，このような主張は，将来のための設計はいまここにある問題の解決から目をそらすことになりかねない．再利用のための設計は難しいといった，正しく鋭い洞察に基づいた見解から始まるのである．説得力のある例を一つ紹介しよう．2次元空間における点を定義するクラスを考えてみてほしい．どうしたら，このクラスをより一般化できるだろうか．任意の n 次元空間における点を考えることもできるし，点，ベクトル，複素数といった2つの数値座標で定義される任意のオブジェクトや，点，直線，ポリゴンといった2次元の任意の形状と考えることもできるのである．たとえ最適な方法があるのだとしても，これらのうちどれが有用な一般化であるかは不明なのである．このような場合は，将来がどのようになるかを想像するのをやめたほうがよい．

しかし，この常識的な見解に基づいて，一般化，検証，例外，再利用について，忘れてもよいという結論を出してよいのだろうか？これらを禁止しようとすることは，悪いソフトウェア工学のプラクティスを推奨することである．ハードコーディングされた定数の利用は，その代表例だろう．小さな企業のためのソフトウェアを書いていて，社員のリストを表現するデータ構造が必要だとしたら，その配列の要素は 1000 もあれば十分に違いない．これは正しいだろうか？あっと言う間に会社が成長すると，不思議なことにソフトウェア

は突然，動かなくなってしまった．何十億ドルもの無駄な努力を必要とした歴史的な大惨事は，この種のアジャイルな考え方，つまり，いま必要としているものだけをやろうという方針の結果なのである．MS-DOS の 640KB のメモリ制限，2000 年問題，32 ビット IP アドレスの枯渇などは，その例と言えよう．

ここで紹介したように，今ここで必要なものだけに注意を払うように要求するといった近視眼的なアドバイスは，ソフトウェアプロセスに弊害をもたらしてしまう．アジャイルの規範の中にどんな有用なものを見つけたとしても，そのようなアドバイスは無視するべきである．

■コードとテストのみを開発しよう

アジャイル開発の最も極端な原則の一つは，ソフトウェア開発を支援する標準的な成果物のすべてを軽視することにある．特に，要求仕様書，設計書，計画，プログラム仕様書といったドキュメントは脇に追いやられ，コードとテストが主役となっている．以下に，ポッペンディークの言葉を引用する [74]．

> ドキュメント，ダイアグラム，モデルといったものは，ソフトウェア開発プロジェクトの一部として製造されるが，通常は，使い捨てのものであり，システムの構築のために補助として利用されるが，最終成果物にとっては必須のものではない．いったん動くシステムが提供されれば，ユーザは中間の消耗品についてほとんど気にかけない．リーンの原則に従えば，すべての消耗品は，その必要性について精査すべきものの候補である．これらの成果物は，最終的な製品の価値に貢献していることだけでなく，その実現するための最も効率的な方法であることも示す必要があるのである．

消耗品とは，顧客に提供されないすべてである．コードとテスト以外のもの，ソフトウェア開発における最も伝統的な成果物は，考え抜かれた消耗品であり，実現可能性の検討，要求インタビューやワークショップの記録やビデオ，要求仕様書，将来のシステムに関するパワーポイントの資料，電子メール，設計書，UML 図などがそれに該当する．同様に，アーキテクトの役割をケント・ベックは次のように説明している [92]．

> XP チームのアーキテクトは，大規模なリファクタリングが必要な箇所を探し出し，リファクタリングを実行している．アーキテクチャに負荷を与えるシステム

レベルのテストも書き，そして，ストーリーの実装もするのである．

この定義は明らかに挑発的な言葉である．伝統的にはアーキテクトに期待しているタスクはほとんどなく，アーキテクチャに期待しているのは，アーキテクチャを決定することだけだったのである．まず，何かが構築される．それは，機能する最も単純なものである．そして，アーキテクトはリファクタリングだけに参加し（いうなれば，事後に十分でないと分かったアーキテクチャを改善するのである），テストし，そして，他のメンバーと同じように，ユーザストーリーを実装するのである．アジャイルの著者の中には，しぶしぶではあるが，テスト以外の成果物を許容する人もいる．例えば，コックバーンは，実際の結果によって，開発者が評価されることについて，次のように述べている [21]．

> 実行できないもの，つまり，テストされたコードをもたらさないものは，どんなものでも功績は認められない．一歩譲って，トレーニング教材や成果物のドキュメントといった最終成果物の功績も認められるとしよう．

しぶしぶ了承していることに注意してほしい．例外もあるが，コードとテストが本当に気にかける価値のあるものというのは変わらないのである．

■最小主義についての評価

ここで紹介した3つの観点からの最小限のソフトウェアという主張は，非常に大きな不条理を引き起こし，アジャイル開発の貢献を傷つけてしまう．

いつものことだが，伝統的なプロジェクトに対するアジャイルからの批判の中には真実も含まれている．この場合は，肥大化の傾向がそれに該当する．プロジェクトやプロダクトは，機能を多く盛り込みすぎる傾向がある．書類作成や不要なドキュメントに対する批判も部分的には正当な主張だろう．厳格なプロセスを適用する企業で作成される多くのドキュメントは，リリースされた日には既に古くなってしまっており，ほとんど実践的な価値はない．結局のところ，重要なものは，UML図やガントチャートではなく，コードであるということも真実なのである．

しかし，これらの主張も，結局は事前の計画をやめる理由にはならないのである．

まず，膨張に関する多くの問題は，悪い管理の結果でしかない．優秀なプロジェクトマネージャーは，「忍び寄る盛り込み主義」と戦うことを知っており，常に，各機能が本当に必要なのかを確認しているのである．昔から使われている質問に，「すべてが必要なの

第4章 アジャイルの原則

か？いま必要なのか？」というものがある．脅迫めいてはいるが，驚くほど効果がある方法である．

アジャイルの信奉者はひどく嫌うが，プロジェクトの最初に行われ，取り掛かる前に考えられることを確認するアクティビティである古典的な要求分析は，きっちりと，多くの異なるステークホルダーの要求を調整し，優先順位をつけようとするものである．多くの機能がリストアップされ，そのどれもに対してステークホルダーが本当に必須なものだと主張する場合に，役に立つ方法を紹介しよう．ステークホルダー全員に，仮想的に100ドルを割り当てて，最も欲しい機能に投資をしてもらうのだ．本当に重大な機能がすぐに分かるはずだ．

「機能するであろう最も単純なものを構築する」という戦略には否定的な側面がある．どのイテレーションでも，容易に解決できる成果を選びがちになってしまうことである．つまり，デモをするにあたり，最も簡単に実装できる機能を選択しがちになるのである．この戦略に従うと，プロジェクトは最後の部分以外はうまくいくのである．開発の間，開発者は良い感じのデモを提供し，顧客も安心でき，誰もが幸せなのである．しかし，難しく，論争の余地のない問題を放置し続けているため，最後に，満足のいく結果を提供できなくなってしまうのだ．

「オバマケア」と呼ばれる医療保険取引所が2013年10月1日に操業を開始したとき，医療費負担適正化(ACA)の敵対勢力が喜んだことに，取引所は，自身の成功の犠牲となってしまった．取引所には，ほとんど誰も到達することができず，保険を注文することすらできなかった[5]．アクセスが集中したことが非難されたが，工学的な分析が欠如していたことに対する弁解のようにも聞こえた．結局，多くの商業用サイトは，より大きな処理を行い，より高い複雑性に直面しているのである．完全に能力不足を想定していないとするならば，開発とテストの最中は，すべてのユーザストーリーが動いているように見えなければならないのと同じようなものである．単純に，十分に設計せず，システムのスケールアップを事前に考えていなかったからだ．

段階的な手法が危険であるという例を他にも見てみよう．アジャイルにならって，ソフトウェア以外の分野での啓発的な逸話を紹介しよう．ボーイング社の主力商品である787

---

[5] (訳注) 技術的な問題やアクセスの集中で，サイトへのアクセスや保険の注文が困難になった．

ドリームライナーの最初の配備は，バッテリーに関する危険な問題から大失敗に終わってしまった．飛行機は数か月も地上に置かれたままになっていたのである．ジェイムズ・スロウィッキー (James Surowiecki) は，New Yorker において次のような分析を示している [88].

> ドリームライナーを顧客に一早く提供すると決定されたため，ボーイング社は連邦航空局から飛行のための許可を待っている間に，数多くのドリームライナーを製造した．しかし，連邦航空局からの要求に基づき，立ち返って，飛行機を改良しなければならなかった．産業アナリストは，「2 回確認して，1 度作るという格言があるが，この件は，2 回作って 1 度確認することになった」と言っていた．また，「年がら年中コストに対するプレッシャーがあり，このために多くの問題が発生している」とも言っていた．

これらは例でしかない．しかし，部分的に動くものを作成した後で，残されたすべての問題を解決する「リファクタリング」を期待することが，どれだけ甘い考えかが分かるだろう．これらの問題はすごく難しく，例えば，主要な性能の問題は，完全な再設計をせずには修正できない．経験的な証拠が，この疑問を裏付けてくれる．ベームとターナーは以下のように述べている [18].

> 今日までの経験によれば，プロジェクトの規模が大きくなるにつれて，低コストでは，リファクタリングできなくなってしまう．

そして，

> あまり経験のないアーリーアダプターの経験的なデータでしか検証できていないのであるが，小さいアプリケーションにおいても，要求のサイズが増加するにつれて，リファクタリングの割合と，バグの修正に必要な工数も増大していった．

どんな種類の工学でもそうだが，ソフトウェア工学においても，様々なソリューションを試してみることは良いことだ．しかし，重要なことは，間違った決定のまま取り掛からないために，事前にしっかりとした計画に取り組むことである．

私が知るある大失敗したプロジェクトでは，顧客やマネージャーは，すぐに動くものを望んでおり，「すべてそろっていないのは重要ではない，デモが動くのを見せてほしい！」

と言っていた．そして，彼らは責任あるソフトウェアのプロフェッショナルとして仕事をしていただけなのであるが，すぐには目に見える結果が出ないインフラに関する仕事をしていた開発者を厳しく非難した．マネージャーはデモ以外は見ようとせず，目に見える機能を提供するということ重点的に実施したため，難しい問題は何度も先送りされた．毎回，次の機能や規模が拡大され，一般化やインフラに対する努力が避けられてきたため，チームは再設計を始めなければならなくなってしまった．必然的に，モラルは低下し，ステークホルダーからは信頼されず，遅かれ早かれプロジェクトはお蔵入りすることになった．

　目に見える結果を主張することは妥当であるが，基本的な工学的な関心事であるリスクマネジメントを代償としているのであれば，話は別である．うまく管理されているプロジェクトでは，正しく完了しないとプロジェクトがダメになってしまうような，クリティカルパス上のタスクを早期に特定している．高いリスクを持つタスクが，基本的な機能であって早期にデモができる可能性もあるが，オプラ・ウィンフリー (Oprah Winfrey)[6]が会社のことを番組で言ったとしても，Web サイトはその負荷に耐えられることといった初期のデモでは分からないものもある．このようなスケーラビリティに関する要求は，詳細な設計を通して解決しなければならないのである．基本的なことを犠牲にして可視化にこだわることは，場当たり的すぎる．

■加算の複雑さと乗算の複雑さ：ラザニアとリングイネ

　確固たる基礎を最初に構築するという論点にもかかわらず，アジャイル開発は「いま，動くものを作る」手法だという宣伝をし続けている．典型的な例として，スクラムのトレーニングのビデオでは，スーツとネクタイのマネージャーが，赤いスカーフとパイロットのサングラスをした開発者に対して，次のように言っている [4]．

> 私は適切に動作するシンプルなものは受け入れられる．複雑なことは後から折り込める．

　これに対しては，「そう信じているのであれば，いいでしょう．幸運を祈る」としか言えない．もし，あらゆる複雑さが，一つずつ追加されていく場合であれば，幸運が起こるだろう．これは第一種の複雑さであり，このような複雑も実際に発生する．これを「加算の複雑さ」と呼ぶこととしよう．例えば，価格の割合として税を計算するといったように，基本的な課題が単純である場合には，このような複雑さが存在する．そして，単純に一つ

---

[6]（訳注）米国の俳優で，有名なトーク番組の司会者兼プロデューサー．

図 4.1　ラザニア　　　　　　　　　　図 4.2　リングイネ

ずつ機能を追加していくような特殊な場合も多くあるのである．しかし，ここでは「乗算の複雑さ」と呼ぶ，別な場合もある．基本的な問題が既に複雑である場合に存在し，主要な要素をすべて考慮しなければ許容可能な解決策に到達できないのである．以前に参照したように，多言語のユーザインタフェースのための支援は，最初から統合しておくよりも，後で考えて追加するほうが難しい．

複雑さは，すべての場合，統合した機能の蓄積からもたらされる．違いは，相互にどのように作用するのかという点である．もしあなたが，もう少しでランチというときにこれを読んでいるならば，この写真が食欲を刺激するだけではなくて，問題の可視化にもつながってほしい．

・加算の複雑さでは，様々な機能がラザニアの層のように相互に積まれている．それらはおおむね独立している．最初の数個から考え始め，他のものは後で考えることは，非常に正しいことである．

・掛け算の複雑さでは，様々な機能が，リングイネ（スパゲッティ）の麺のように絡み合っている．

AT&T のパメラ・ザブは，キャリアの多くを機能の相互作用に費やしてきた．彼女は通信のソフトウェアについて，以下のように書いている [95]．

> 歴史的に，通信ソフトウェアの開発者は，機能の相互作用の理解と管理には，効果的な方法を持っていなかった．結果として，機能の相互作用には，手に負えない複雑さ，バグ，コストとスケジュールの超過，不幸なユーザ体験の原因となったのである．他のソフトウェアシステムの開発者も，フィーチャの相互作用の問題があることに気が付き始めている．

第4章 アジャイルの原則

彼女は典型的な例を示している.

「通話中の取り扱い」に関連して,電話を他の関係者に転送したり,割り込んだり,後でかけるようにしたり,呼び出し側に伝言を依頼したりするような機能により電話中の状況を取り扱う機能がある.機能を説明する言語が必要であり,その言語でアクション,状況,優先度を提供することによって通話中の取り扱いを規定することができる.さらに,特別な機能を組み合わせた操作も想像してほしい.どんな通話中の状態であっても,一つの適用されるアクションは,通話中に取り扱うことが可能な最も優先度の高いアクションでなければならない.

2つの通話中の取り扱い B1 と B2 が可能な状況があり,B2 のほうが優先度が高いとした場合,これらの2つの機能は相互作用し,たとえ,B1 単体での説明では適用されるべきとなっていたとしても,B1 は適用されないはずだ.

このようなケースは,我々が「動くであろう最も単純なもの」を行い,その後,必要に応じて機能を追加すればよいという仮定を置くことができない典型的な理由である.もし我々がそうするのであれば,前に実装したものとの不一致を探し続け,仕事をやり直すことになる.標準的なアジャイル開発を想定すると,この問題に対してユーザストーリーに基づいた開発を行う.推奨されるアジャイルにおけるユーザストーリーは,

ストーリー #1：幹部として,電話を転送する機能が欲しい.なぜなら,通話中には秘書に電話を転送したいからだ.

少しあとで,優先度のことを考え,他のユーザストーリーを念入りに作り出すかもしれない.

ストーリー #2：システム設定者として,通話中の操作に優先度を設定できる.

それから時間がたてば,2,3のストーリーが追加になっているだろう.

ストーリー #3：営業として,会話中に,見込み顧客からの電話がかかったことを確認できれば,すぐに会話を中断したい.なぜなら,電話にすぐに出られるからだ.

ストーリー #4：思いやりのある応答者として,通話中に他から電話があった場

合には，通話が終わり次第かけなおすオプションが欲しい．

他にもあるであろう．これらすべての機能はまったくもって合理的なものである．しかし，ザブは，それらを個別に考えてはいけないということを指摘している．彼女が指摘している 14 のシナリオ (!) のいくつかでは，

> ボブは「電話を転送する」機能を使っていて，すべての電話をキャロルに転送しようとしている．キャロルは，「邪魔をしない」機能を使っている．アリスがボブに電話をし，電話がキャロルに転送され，キャロルの電話がなる．転送された電話に対しては，「邪魔をしない」機能が適用されないからだ．
>
> アリスはセールスグループに電話をした．セールスグループの機能では，ボブを勤務中のセールスの代表として選択し，電話をボブに転送した．しかし，ボブの携帯電話は電源が入っていなかった．そこで，彼の個人的なボイスメールが電話に応答しメッセージを残すように依頼した．これは，再度セールスグループの機能に他の代表を探すように依頼するよりは，ずいぶんよいだろう．
>
> 新しいモバイルサービスが事務員に提供された．アリスは登録し，彼女のオフィスの電話番号はモバイルサービスに転送されるようになった．アリス宛ての電話を受け取ると，モバイルサービスは，アリスがいると示すところへどこにでも電話を転送する．しかしながら，アリスが彼女のオフィスにいるときに，かかってくる電話は転送ループに陥ってしまう．

これらは，基本的な機能のシステムから始めて，順次，機能を追加するという単純な繰り返しのアプローチが，失敗を招くということを示す典型的な例である．しかし，例えば，ポッペンディークは，コーンの記述を引用して，アジャイルの考え方を以下のように述べている [26]．

> 近年，我々はモジュールごとにソフトウェアをプログラムせず，機能ごとにプログラムしている．

平凡なソフトウェアにとっては，そうかもしれない．乗算の複雑さのような複雑なシステムにとっては，体系立てられた手法が不可欠である．そのような手法は，好むと好まざるとにかかわらず膨大な内容の検討が必要であり，前もって行われるべきである．
アジャイルの段階的に機能を実装するという信念は，そのような洗練されたシステムに

第4章 アジャイルの原則

は適用できない．これは，アジャイル開発の主要な限界の一つである．

■ドキュメントの役割

　文字どおりに受け取ると，次のポッペンディークのドキュメントに対する批判は的外れである．

　　いったん稼働するシステムが納品されてしまえば，ユーザは中間の消費物に対してほとんど気にすることはないかもしれない．

　確かに，スマートフォンにテキストメッセージを送る10代の若者にとっては，システム開発の際の要求や分析のドキュメントについてはほとんど気にしない．しかし，プログラムコードも含めてどんな成果物に対しても気にしないのである．同様に，車を運転するユーザや，家に居住する人も，車や家の製造過程における「消耗品」に対して「ほとんど気にしない」と言えるが，成果物が使い物にならないという意味ではない．問題は，ユーザが気にするのか，それとも，開発者が気にするのかということではない．大事なのは，誰がシステムを維持しなければならないかということである．

　ポッペンディーク夫妻は「ユーザ」よりも「顧客」を意味したのかもしれない．しかしどちらにせよ，同様な見解は当てはまるのである．開発者も関係のある当事者なのである．

　ドキュメントの批判は，より良い根拠に基づくべきである．実際に重要な問題は，変更である．アジャイルソフトウェア開発宣言が喚起するように，ソフトウェアは変更されるのである．もし，プロジェクトで要件と設計のドキュメントを作成すると，最終的な成果物，つまり，コードとの整合性を保ち続けることが困難なのである．この見解は，ソフトウェアを変更することができる速度は特有であって，その他の製造コストはかからないといった，規律との比較を制限してしまうものである．車の製造において，計画やドキュメントなしで働くことができない理由の一つは，いったん設計すると，多くの車の複製が製造され，設計の変更は大きな決定となり，製造プロセスを更新することから，費用もかかる．ソフトウェアという言葉の「ソフト」という言葉には理由があって，思いつきでプログラムを変更できることである．ドキュメントによって規定すると，常にドキュメントが更新されることを保証するのは困難である．実際に，多くのプロジェクトではほとんど，まずそのようなことをしようとしていない．これが，要求，設計などのドキュメントに関する主要な問題である．

　最近のソフトウェア技術には，「Single-Product-Principle」などの提案すべき答えがあ

4.4 組織の原則

る．なお，ここでは，これ以上，触れないこととしよう（この本では，私自身の研究成果を説明しない）．しかし，そのような技術がなくても，変更するリスクがドキュメントを追放する理由にはならない．

■ シンプルであるとは何か

アジャイルの信念として，「シンプルであろう」というものも，深く分析する価値がある．先の節で，シンプルであることを追求した際の結果については，既に学んでいる．最小限の機能を開発し，要求された以上のプロダクトを開発せず，コードとテストだけを開発するというものである．「動くであろう最も単純なもの」や「YAGNI」という形で，一貫して強調されているものである．アジャイルの最小化のレビューした結果の結論を出すために，単純化のコンセプトをさらに詳しく見てみよう．公式なアジャイルの原則の一つでは，「シンプルであること」を「実施していない仕事を最大化すること」と定義しているが，この2つを混同しないように整理することは非常に重要である．

どんな種類の問題に対してもそうだが，単純化のためには追加の作業が必要な場合があり，時には多くの作業を実施しなければならないこともある．最初の解決策を見つけ，問題が複雑すぎることに気付き，単純にしようとした経験があれば分かるだろう．

1998年の *Business Week* のインタビューで，スティーブ・ジョブズ (Steve Jobs) は，そのことを次のように話している．

> 私の信念の一つは，集中と単純化だ．単純は複雑よりも難しい．思考をクリーンにし，単純にするためには一生懸命に働く必要がある．しかし，それは価値があることだ．なぜなら一度そこに到達すると，劇的な成果をあげることができるからだ．

2, 3世代前には，アントワーヌ・ド・サン＝テグジュペリ (Antoine de Saint-Exupry) が，飛行機の製造に関する彼の見解の中で，同様なアイデアを述べている．

> すべての人の工業的な努力，すべての計算，すべての設計図のための夜を徹した作業は，一つの目に見える結果を導く．単純化だ．まるで，数世代の経験はちょっとずつ引き出される必要があるかのように，円柱，竜骨，飛行機の機体の曲線は，それらが胸や肩の曲線の純度に達するまで引き出される．それはエンジニア，設計者，製図者，技師の仕事のように思える（完璧に魅力的な形状になり，詩のよ

うに自然発生したかのような品質を持ち，無駄なものから解放されるまで磨いたり擦ったりする）．完成は，追加する物がなくなったときではなく，取り除くものがなくなったときのように思える．

もしミケランジェロ (Michelangelo) が単純化を，実施しない仕事を最大化することと見なしたら，ダビデ像を作るために大理石を削らなかったであろう（私には，どの大理石の板の中にも，あたかも目の前に立っているかのように自然に形作られ，完璧なたたずまいと躍動感の像が見えるのである．美しい姿を閉じこめているざらざらした壁を取り除くだけで，私が見えるように，その姿を他の人にも示すことができるのである）．第 2 章で触れた疑わしい知的なトリックに，「引用による証拠」を加えなければと思われてしまうので，この辺で，様々な世紀における有名人の引用をやめよう．すべての言葉も，共通の見解を述べている．それは，単純化を達成することは，仕事を最小化することとは異なるということである．ソフトウェア工学では双方とも価値のあるゴールだが，それらは異なる背景から生じ，異なる原則を導く．

- 単純化は，例えばダイクストラ，ヴィルト (Wirth)，グリース (Gries)，パーナスといった，厳格で，洗練されたプログラミング技術の考案者によっても提唱されてきた．彼らは単純化をプログラムの単純な数学のモデルと同等と見なした，これはアジャイルの著者の関心事ではない．
- 不要な仕事を避けるということ，そこに限れば，ここまで見てきたようにアジャイルの文献における主要なテーマである．たとえば，リーンソフトウェア開発における「無駄を排除せよ」や「なるべく遅く決断せよ」といった原則を導く．

2 つの見解は折り合うが，必ずしもアジャイルの著者が好む形ではない．ヴィルトは 1995 年に *Plea for Lean Software* を出版し，リーンという言葉には注意が必要だとしている．彼はその本の中で，最近のソフトウェア製品における有用でない機能の蓄積を批判し，小さく，分かりやすいシステムを推奨していた．しかし，どうやってそのような単純化を達成するのかという説明については，彼は以下のように書いている [91]．

経験のあるエンジニアは，無料のランチがなくなったことに気付くと，「このように節約した価値はどこに消えてしまったのだろうか？」と尋ねるだろう．単純化した答えは，「はっきりとした概念に基づきよく考えられた，適切なシステム

の構造に費やされた」ということになるだろう．

　もし中核となるモジュールや他のモジュールが，首尾よく拡張可能であったならば，その設計者はどのようにそれが利用されるかを理解しているはずだ．システム設計では，モジュールへ分解できることが最も望まれる．各モジュールは，インポートやエクスポートを特定する厳密に定義されたインタフェースを持つパーツとなる．

言い換えれば，真剣かつ早くに考える必要がある．なるべく遅く決断すること，一度に一つの機能を構築することの話については，よく考えるべきである．

4.4.5　変化を許容しよう

　世界と我々の世界の感じ方は変化する．それゆえ，ソフトウェアシステムの要求も変化する．プロジェクトに顧客を直的的に関与させると，さらに変更要求が出てくる可能性がある．

　アジャイルソフトウェア開発宣言では，変更を許容するだけではなく，変更を歓迎するべきとしている．変更はソフトウェア開発において普通の現象であるということと，より多くの変更を望むということは全く別の話である．いくつかの機能が正しく実装されているときに，元々の機能に固執せず，要求の変更を受け入れると，多くの作業が発生する原因となる．比較のために，ホテルの予約サービス booking.com が顧客にペナルティなしで予約変更できるようにしたことでどれだけ成功したかを考えてみよう．会社（ホテル）の従業員が朝来て，より多くの顧客が当日に心変わりすることを望むなんていうことを想像するのは困難だろう．ポリシーは全体では役に立つ．しかしながら，変更は面倒なことの原因となる．

　変更を「歓迎する」よりも「受け入れる」ことを選択しているアジャイル開発では，プラクティスの中で変更を制限している．例えば，スクラムでは，厳格なルールを設けている．本書では，これを「閉じられた窓のルール (closed window rule)」と呼ぶ．プロジェクトの開発フェーズ（スプリント）の間は，プロダクトオーナーやすべての人からの製品に対する要求を追加したり，変更したりすることを禁じるものである[7]．

---

[7] （訳注）スクラムで規定しているのは，該当スプリントのスプリントゴールに対する追加・変更を禁じるが，製品全体としてのプロダクトバックログについて，つまり，次スプリント以降に検討される機能についての要求・変更は禁止されない．

第 4 章 アジャイルの原則

ウォーターフォールをはじめとする伝統的な手法の中で，誤って使われ続けたことを踏まえると，スクラムは標準的なソフトウェア工学の良識と一致するよう思われる．アジャイルのテキストの中で見られる表現に反し，ソフトウェア工学において，ライフサイクルの長いプロセスとして，変更の必要性を認識してきた．つまり，単純に変更は適切に管理されるべきとしていた．馬鹿正直なチームは，変更を受け入れるだけで，まして歓迎することもできず，常に変更の抑えが利かなくなり，大したソフトウェアを提供できないだろう．スクラムは変更管理に独特なルールを使っていて，スプリントの外だけで変更を受け入れる．これは合理的なポリシーであって，伝統的な原則とプラクティスの考え方においても合理的である．

変更の受け入れに乗り気になることは，厳格なプロセスに基づくアプローチに慣れ親しんだ多くの管理者にとっては，斬新なことである．彼らにとって，良い要求とは固定された要求であり，変更要求は面倒なものであった．アジャイルのアイデアは，こうした態度を変更する際に重要な役割を果たす．

簡単に変更できるようにソフトウェアを製造する必要性，つまり，拡張性については，真新しいことではない．実際に，数十年にわたって，ソフトウェア工学の議論において核となる話題であり続けている．アジャイルソフトウェア開発宣言は変更に対応できるマインドセットを宣伝しているが，その一方で，拡張性の主要な問題は心理的なものではなく，技術的なものである．顧客が心変わりしたときやドメインプロパティのいくつかが変更になった際に，スクラッチで一からやり直すことなく，それに対応できるどんなソフトウェア技術があるだろうか？

アジャイル開発では，プラクティスにおいて拡張性を推進するのに貢献する重要なアイデアがある．例えば，XP のルールで，すべての機能要素は，関連するテストケースを持つべきであるというものだ．変更をためらう理由の一つは，システムの持っている機能のいくつかを壊してしまうリスクであり，特に問題が後で発見されるようなものはリスクとなる．すべての変更の後で，回帰テストスイートが実施できれば，リスクは相当減る．

しかしながら，ルールから離れると，アジャイル開発は拡張性をほとんど支援せず，実際にはそれに対抗する技術を宣伝している．ソフトウェアの変更に対するアジャイルの態度を分析すると，Facebook との関係においてよく言われるように，「複雑である」．崇高な宣言では，アジャイル推進者は誇り高く「変更を歓迎する」としている．しかし，技術的な問題になると，彼らは拡張可能なソフトウェアを作る助けになるようなアイデアに対して，しばしば，横柄で敵意に満ちた態度をとる．

そのようなアイデアの例に，拡張性を支援するソフトウェア開発手法としてオブジェクト指向によるソフトウェア構築がある．それは，ソフトウェアの変更を手助けするために設計された，抽象化，カプセル化，ジェネリクス，ポリモーフィズム，動的なバインディングや他の強固なメカニズムを強要する．ポッペンディークは，オブジェクト指向は実行力がないと強く主張する [57].

> 理論上ではオブジェクト指向開発は，変更が容易なコードを製造できるが，実際にはオブジェクト指向システムは他と同様に変更するのが難しい可能性がある．特に，カプセル化が深く理解されていなくて，効果的に使われていないときにそうなってしまう．

しかし，彼らは拡張性を達成するためのより良い方法は示唆していない．

> 彼らのコメントは不可解である．カプセル化やポリモーフィズムが適切に利用されていないオブジェクト指向開発など存在するだろうか？「深く理解していない」「効果的に利用していない」エンジニアによる悪い結果によって，どんな手法を否定できるだろうか？運転が下手なドライバーがいたら，自動車での移動というアイデアを否定するのだろうか？もしくは，適切に適用していない場合があれば，著者が主張するリーンソフトウェア開発をも否定するのだろうか？アジャイルのおかしな論理展開の代表例かもしれない．

変更におけるアジャイルの問題は，そのように見下すような，根拠のないコメントだけではない．いくつかのアジャイルの原則は直接的に拡張性に損害を与える．最小限のソフトウェアを推奨している点であり，前のセクションで説明した「必要とされる製品のみ」構築するよう要求することは，その好例である．我々は YAGNI に従ってきた，「いま必要のない」ものを含むコードは「無駄である」ことを意味し，「常に最も一般的なケースを取り扱う」のではなく，いまここで必要なものをプログラムするよう要求されている．しかしながら，このアプローチは，変更を支援するというゴールとは相いれないものである．変更を気にする開発者は，可能なときに，これから先を考え，ありうる進化を予測して，厳密に依頼されたものより多くを実装しようと努める．

アジャイル推進者は，変更を支援するという気高い熱意と，変更支援を妨げる原則やプラクティスの強制の間に矛盾があることに気が付いていないように見える．

他のケースのように，いくつかの普通のプラクティスのアジャイルの批判は正しい．プログラマーは，制限なく，不当に一般化して従事すべきでもない．しかし，それは，一般的とまでは言わないまでも，今手にしているものよりも少なくとも一般的であることを取り扱おうとするプロフェッショナルのプラクティスを拒否することを正当化しない．

そのような誇張のあるアドバイスの否定的な効果に，ソフトウェアの変更を取り扱う基本的な問題があり，それは構造上の問題である．変更の容易さは，どこからともなく出てくるものではなく，変更のための設計とアーキテクチャを必要とする．良い文献はそれをどうやって行うかを教えるが，そのような事前の考慮はまさにアジャイル推進者に拒絶されるものだ．

変更に対するアジャイルの擁護は，正しい目標である．ただし一つの目標でしかない．

4.5 技術的な原則

ここでは，アジャイルアプローチの核となるソフトウェア固有の技術について述べる．

4.5.1 反復的に開発しよう

アジャイル開発は反復開発である．アジャイル推進者は，コードを書く前に要求や設計のような活動で数週間や数か月を費やすウォーターフォールスタイルでのプロセスには，ほとんど耐えられない．アジャイルでは，理論よりもコードである．素早く，頻繁に提供することが重要だ．

■イテレーションごとに機能を開発しよう

反復開発は，バシリ (Basili) による 1975 年の記事 [14] 以来，ソフトウェア工学の論文において推奨されているが，それには様々な形がある．ある反復プロセスでは，将来の製品のクラスタを製造する場合には，例えば，データベースクラスタ，ネットワーキングクラスタ，ビジネスロジッククラスタ，ユーザインタフェースクラスタといった，それぞれは最終的なシステムに要求される各技術レイヤーごとの一連のサブシステムに取り組んでいく．このような反復アプローチを，垂直な分解と呼ぶ．

これはアジャイルでいうところの反復開発とは違うが，アジャイルでの分解は水平になるであろう．すべてのイテレーションで動くシステムを生み出す．

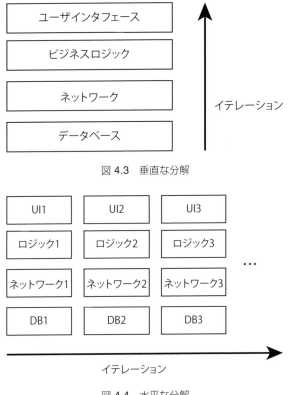

図 4.3 垂直な分解

図 4.4 水平な分解

　システムは，特に最初は，すべての機能の小さいサブセットのみしか提供しない．例えば，データベース部分は原始的かもしれないし，ただのスタブ（将来の機能をシミュレートするための代替物）かもしれない．しかし，垂直のアプローチとは対照的に，プロジェクトの顧客代表がそれを試してフィードバックを与えられるよう，徹底したユーザ体験を提供する機能的なシステムであるはずだ．

　反復開発の垂直と水平の形の差異は，乗算と加算の難しさの形の対立と関連している．乗算の複雑さ（リングイネ）がある場合，最初にすべての機能に共通となるアーキテクチャの基礎を確立することは，機能の依存関係の整合性を担保するために必要であろう．加算の複雑さについては，垂直のプロセスが適していて，次々に機能を加えていく．これはアジャイル開発において宣伝されているスキームである．

第 4 章　アジャイルの原則

■イテレーションの長さ

　すべてのアジャイル開発はイテレーションは短くあるべきで，典型的には数週間であると示唆している．各手法が推奨しているイテレーションの正確な長さは異なる．スクラムはイテレーションを「スプリント」と呼び，しばしば（一般にではない），各スプリントの長さは 4 週間と示唆している．

> 　私はスクラムの推奨に従うことが有効であることに気が付いたが，基本イテレーションをカレンダー月とするのがよいのは明らかだ．例えば，「10 月リリース」と話すことは，すべての人を現在のマイルストーンに集中させるし，単純かつ明解だ．月の終わりなのだから．月々の長さの違い (28-31) については，重要ではない．どのみち実際の開発時間は短くなる．最初にはスプリントの計画があって，終わりにはスプリントレビューがあるからだ．

　そのような反復開発は，限られた時間（タイムボックス）で行われる．イテレーションの長さは前もって固定される．仮に割り当てられた時間の終わりになっても，期待される機能のいくつかが完成していなかったとしたら，その機能は次のイテレーションに回されるか，すべて捨てられることになるが，期限が変更されることは絶対にない．また，「完了の定義」も事前に決定される．

　タイムボックスの原則は，イテレーションの正確な長さよりも重要である．ソフトウェアの世界では，期限がないことはよくあるので，チームが，期限が絶対固定なものであり，機能は変更可能であることを納得するには少し時間がかかるかもしれない．一度，全員がこのルールが本当に適用されると分かると，健全な効果がプロジェクトに起こる．開発者はどんな余計な時間も許されないと知っているため，予測がより現実的になる．また，顧客も非現実的なゴールを依頼することも意味がないことに気が付く．私の経験では，ルールは，チームを奮い立たせる効果も持つ．いくつかの機能を捨てることは原則の中で可能であるにもかかわらず，プラクティスの中ではそうそう起こらない．計画した機能が完了しないことは格好が悪いため，開発者は，その計画が実行可能なように確認し，期限内に約束した機能を実装するように努力する．

> 　アジャイル推進者は，時々，イテレーションのタイムボックスの性質を，リリースにおけるデリバリーの時間と機能の双方のコミットを拒絶するために言い訳として使う．その言い訳はもちろん許容できるものではない．外部の顧客の制約が

適用されるからだ．この「何を，いつまでに，のどちらか一方」という誤った考えは，アジャイルへの移行の議論の中で出くわすであろう．

■イテレーションの間は要件を固定しよう

　アジャイル開発は，我々が知っているように，変更を受け入れることを宣伝しているが，その一方でどんな現実的なアプローチにおいても，変更は制御されている．ここで，機能はスプリントの計画フェーズでのみ追加できるというスクラムの厳密なルールが有効に機能する．スプリントが始まってしまうと，チームは計画されている機能を実装し，誰もスプリントが終わるまでは何も追加することができない．この禁止は厳格であり，プロジェクトの内外を問わず適用され，管理者も含まれる．

　このアイデアは，「閉じられた窓」ルールの中にまとめられる．このルールについてはスプリントの詳細な説明の中でレビューすることとしよう．これはスクラムの最も面白い貢献の一つである．

■反復開発：評価

　我々は，レビューした2つのアイデアを個別に評価するべきである．頻繁な作業イテレーションと，スプリントの間の要求の固定である．

　作業イテレーションの重要な属性は，頻繁であるということだ．ソフトウェア業界は，過去2，30年で，様々なチームがプロジェクトの異なる部分を実施するために散らばって，数か月後に再度集まるような「ビッグバンアプローチ」は，機能しないことを理解してきた．相違点を解決するのは極めて困難なのである．人々はシステムの自身の担当以外について異なる前提を置き，その相違を発見するのが遅れれば遅れるほど，整合性を取ることが困難になる．これが，早い時期にMicrosoftが「デイリービルド」プロセスを導入した理由である．このプロセスでは毎晩，コンパイルとシステムの実行が行われ，それを阻止するようなバグを混入した人は，その問題を解決するまで家に帰ることはできない．数週間の単位での開発サイクルは今日では標準的な状況となっており，少なからずアジャイルのアイデアの普及のおかげでもある．

　頻繁なイテレーションは作業のイテレーションであるべきという主張はどうだろうか？ここでは評価は微妙な意味合いを持つ．この章の前半で，すべてのイテレーションで動くシステムを望み，インフラを構築するイテレーションを拒否すると，悲観的な結果になることを見てきた．良い製造のためには，確固たる基礎が必要である．有能なマネージャー

第4章 アジャイルの原則

は，動く何かを見せることを拒絶するかもしれないし，動かすことを拒むかもしれない．その代わりに，プロジェクトの残りを効率的にしたり，拡張可能にする核となる技術を構築するだろう．すべての段階で実行可能なシステムという主張は，リソースの無駄であり，無責任なポリシーといえる．

建築者が家を建てるとき，しばらくの間，彼らの努力を素人に見せようと思ってもほとんど見せるものはない．彼らは基礎を作っていたり，配管をしたり，家が継続維持できるための仕事を行っている．毎朝運転してそこまでいっても「いったい全体いつも何をやっているのだろう？何も見ることができない」と思えてしまう．ある日，実際の家の一部のような何かに気付く．それからは驚くほど速い．適した基礎が準備されているからだ．もちろん，エンジニアは全体の計画を持っており，素人は単に驚かされているだけだ．

ここにアジャイルプロセスを当てはめた場合を想像しよう．最初のイテレーションからすぐに，ユーザに見せられて，家のように見える何かが要求される．床も必要だし，壁も必要だろう．屋根もいるかもしれない．今は夏だが，次のスプリントまでは待てる．それから，そうそう，下水システムにつながなくてもよいのか？必要かもしれない．電気は？いま加えよう．そうそう，基礎！認めたくはないが，家が地面に沈むのはまずい．問題ない，どこかの時点で家を隣の庭にずらせばよい，穴を掘って，基礎をセットアップして，家を戻せばよい．

何，ここは南カリフォルニアで地震対策も考えるべき？それには多くのリファクタリングが必要になるだろう．実際に何名の居住者が地震に遭遇するのだろうか？最近の地震で本当に大きいものは，百年前！であれば地震対策は必要ないでしょう．

我々は全員ソフトウェア工学は建築工学とは異なる種類の工学であることを知っている．しかし，すべてが違うわけではない．前もってインフラについて一生懸命考えることの利点は，すべての種類の工学で共通である．すべての段階で稼働するシステムを提供するという妄想は，害のある気晴らしでしかない．再度，我々は重要なアジャイルの洞察が，一般論によって害されることを確認する．それは，開発者が大局観を忘れてしまい，技術の内部詳細に巻き込まれるということである．開発者は顧客が技術ではなくソリューションに対して契約していることを忘れてしまう．顧客の望むものはシステムである．システムがどれくらい動くのか，それがいつ利用可能になるのかという2点にはトレードオフが常に存在する．早いものの，満足いく結果までは拡張できないような部分的なシステムは悪い．しかし，完璧を約束しながらも，それが後に約束されるようなシステムも同様に悪い．

4.5 技術的な原則

■タスクの順番

開発するためのどんな反復アプローチでも，イテレーションの最中に，どうやってチームが個々の開発ステップの順番を決定するのか，という疑問が起こる．XPはアジャイルの回答を最初に与えた，「動きそうな最も単純なもの」から始めなさい．

すべてのアジャイルのプロセスは，同様な見解を宣伝している．コックバーンは，例えば，以下のような理由で「一番悪いものを最初に」という戦略を否定している [21]．

(1) 仮にチームが開発に失敗したら，スポンサーはどこに問題があったのか分からない．そのチームがこのプロジェクトをやり遂げるほどには優秀ではなかったのか？技術が悪かったのか？もしくはプロセスが悪かったのか？さらに，チームメンバーは落ち込み，お互いに口論を始めるかもしれない．

そして，代わりに以下を，それぞれ，結成間もないチームと経験のあるチームに向けて示唆している．

(2) 一緒に働いたことがなくて，これから新たな技術で新たな問題に取り掛かるチームであれば，私は「最も簡単なものを最初に，最も大変なものを2番目に」というのを提案する．チームとスポンサーは早期の成功で自信を持つ．最も難しい問題がまだチームの能力では対応できなくても，私は2番目のタスクとしてチームが成功できるような最も大変なものを探す．

(3) いったん，チームと技術的失敗のリスクが引き下げられたら，良い戦略は，最もビジネスの価値が高いものを最初にやることである．

最初のアドバイス(2)の理論的根拠は，説得力がある．登山家の新たなチームはエベレストから始めないであろうし，新たなオーケストラもストラヴィンスキーの Rite of Spring（春の祭典）[8]から始めないであろう．ソフトウェアをこれらに置き換えて考えてみればよい．しかし，提案されているポリシーの主たる利点は，チームのためであって，プロジェクトのためではない．もし「最も大変なもの」が，最初に延期されたら，チームでは到達できないものであると分かったら？それ以前の努力は無駄になり，最初の成功はだまされた印象を与えるだろう．「一番悪いものを最初に」という戦略に対するコックバーンの批判を置き換えることも簡単だ．

---

[8] （訳注）複雑なリズムで知られるバレエ音楽．

仮にチームが「最も簡単なもの」や「成功できるが最も大変なもの」の提供に成功したとする．スポンサーは成功の意味することが分からない．チームはプロジェクトのその部分をやり遂げるくらいには優秀であったということなのか？そのテクノロジーはより難しい部分にも適用可能なのか？プロセスはそれらに対しても拡張可能なのか？さらに，チームメンバーは自信過剰になるかもしれないし，時期尚早にもかかわらず，お互いで満足し始めるかもしれない．本当の挑戦はこれからであることに気が付いていない．

よく形成されたチームに対するコックバーンの手法，「最もビジネスの価値が高いものを最初に」は，通常のアジャイルの推奨であり，特に，スクラムの戦略，スプリントの各ステップで次のユーザストーリーを選択する際の戦略としては基本である．そのような会話は，ある種の管理者には広まっているが，それはまた無責任でもある．それが利点の決定だけではなくて，機能を支援するとき，プロダクトはうまくいく．最も価値の高いものが来たあとには，2番目とそれ以降が来る．最初のものが素晴らしく実装されたが，アーキテクチャの選択は後続する機能にとってはひどいものであることが分かったとしたら？初期の高揚感から，プロジェクトは急速に遅れ，落胆する．

繰り返して言うが，一つのソリューションはない．我々は特に，プロジェクトの最初とその後続するフェーズでは状況がしばしば異なることに留意するべきだ．この見解が二重開発の示唆を導く．

■二重開発

インフラと，ユーザに見える機能に関する仕事の間のトレードオフを解決することはソフトウェア開発の核となる問題の一つである．「すべてのイテレーションで動作するシステムを提供し，一般化や完成度を上げるのは後」といった単純な手法も，「最初に完全な基盤を構築する」といった他の極端なレシピも，解とはなりえないのである．私が知る中では，うまく機能する方針では，プロジェクトの初期と後半を区別している．

- 初期：インフラが重要である．モックアップ，実験，プロトタイプも，将来の徹底したユーザ体験をシミュレートするために役に立つ．最も重要なことは，システムの根本的な制約を深く分析し，成功を保証できるような設計を決定することであり，最初の提供時に成功するためだけでなく，成長や適応できるようなアーキテクチャを有する拡張可能なシステムのためでもある．その他のすべては本質的な問題ではない．

もしコンサルタントが，そんな決定はできない，アジャイルで言っているように，進むための唯一の方法は「動きそうな最も単純なもの」を構築することだと言ったとする．道理にかなった唯一の対応は，コンサルタントをクビにすることだ．どんな未熟な開発者でもそのようなモックアップを作ることができる．プロは，不完全な情報においても，根本的な決定を行う方法を知っている人であり，これらの決定のほとんどは最初から正しい．

- 後半：重要な決定がなされ，基本的なインフラは構築されている．しかしながら，アジャイルの提唱者によって強調されているリスクは大きくなっている．プロジェクトは想像力のないものに変わっており，開発は価値を提供するというよりは，内部の完成度を上げることに集中している．普通に稼働するシステムを提供することに執拗に集中しており，部屋には大きな看板がつりさげられ始める．

　　まだ出荷していないの？

　　最初のフェーズでインフラを構築し，今ではシステムのインスタンスを提供する月次のスプリントは，今では段取りは決まっており，各議題で顧客が自身の望む詳細なアイデアを提供し，必要があれば開発者に直接フィードバックする．

　これらの2つのアプローチを連続ではなくて，同時に実施することも可能である．もし神経質なお客さんがいて，彼らが初期に何か動くものを見たいと思っているような場合，基礎的なアーキテクチャを作るためにチームの一部をアサインして，残りをすぐに動く機能を提供するためにアサインすることもできる．この2番目のタスクは，プロトタイピングや，さまざまなソリューションを試す実験としても機能する．2つの部分を連携させればよいのである．実験からは，どうやって基礎のアーキテクチャを作るべきかが分かり，アーキテクチャからは利用可能になった機能の情報が提供される．そのようなポリシーを設定するには，細心の注意が必要である．特に，チームは何かより良いものが利用可能になったとき，うまくいっていない試みをやめなければいけない．しかし，このアプローチは，システムの完全性，伸縮性，拡張性を犠牲にすることなく，可視化された結果を最初から提供するためのソリューションである．このようなアプローチを，交互にやるか並行にやるかは別として，二重開発と呼んでいる．

4.5.2　テストを重要なリソースとして扱おう

　ソフトウェア品質の探求はソフトウェア工学の中心である．しかしながら，品質につい

第 4 章 アジャイルの原則

て論じることは，それを保証する確実な方法を提供することより簡単である．品質の向上を目指す方法は多く存在しており，CMMI のようなプラクティスは管理手法に対するものであり，その他にも，例えば，形式仕様と形式検証といった技術的なものもある．産業界や，アジャイルにとって，技術的な意味での品質とは，テストである．

テストは，ソフトウェアコミュニティの中で興味深い位置づけにある．ほとんどすべての人は，70 年代からエドガー・ダイクストラの「テストではエラーがあることは分かるが，エラーのないことは分からない」という意見を認識している．そして，この言葉は，テスティングが有用でないように思わせてしまう．しかし，すべての人がいまだにソフトウェアをテストしている．そして多くの開発者が他の検証技術を知らないのである．

ダイクストラが意味したことは，テスティングは完全ではないということで，実際にありうるケースのわずかな部分しかカバーできない．彼は基本的な例として 32 ビットの整数乗算プログラムを取り上げ，2 の 64 乗のケースを走らせてチェックするのはコンピュータと人間の能力を超えていることを示した．一方で，普通の感覚，少なくとも私の感覚としては，エラーがあることを示す技術があるなら，「それ！いいね！エラーの一つでも教えてよ！」といったものである．抽出できるすべてのエラーを見つけたいのは確かではあるが，現実的ではない．

アジャイル開発はどんなプロジェクトにおいてもテストを中心的なリソースと見なす．リソースは回帰テストスイートを必要とし，回帰テストスイートは，これまで試されたテストのセットであり，ある時点では失敗したものも含んでいて，そこまでに解決されたバグも示すことができる．名前が示しているように，目的は，「回帰」として知られる現象を防ぐことである．回帰とは過去に解決されたバグが再度現れることである．

分野以外の人には驚かれるかもしれないが，ソフトウェア開発では，古いバグが付きまとうことがよく発生する．理由は多様で，修正がソフトウェアの新たな部分を実行したときに現れるような本当のミスではなく，兆候を訂正しただけの場合，どこか他に因果関係のあるような誤った推論によるものである場合，新たなバージョンのプログラムにバグを持つモジュールの修正前バージョンを利用した設定管理のミスのような場合がある．原因によらず，回帰のリスクは，どんなプロジェクトも回帰テストスイートを持つべきという理由の一つになり，回帰テストはプロセスのどの時点でも失敗したすべてのテストを含む．

これらのアイデアは，近代的なツールによって支援され，プログラマは次のことを実現することができる．

- すべてのテストを単純なスクリプトとして記述し，テスト設定，インプット，失敗か成功かの基準（テストオラクル）を記述したアサーションを指定できる．
- テストのセットや，回帰テスト全体を，自動化したプロセスとして実行することができる．

これらの組合せは「自動化テスト[9]」と呼ばれる．最も注意深く扱うべきもので，時間を要するテストケースの生成やオラクルの生成は自動化されていないため，この用語は誇張といえよう．しかし，JUnit によって開拓されたような同様なツールは，ボタンを押すだけで回帰テストを走らせることを可能とし，ソフトウェア開発のプラクティスを変えるとともに，アジャイルの主張である回帰テストを可能にした．

そして，次の2つの原則によって，この基本的なテストの役割が，アジャイルの世界のものへと拡張されたのである．

4.5.3 すべてのテストが通るまでは新しい機能には着手しない

品質に関するアジャイルの主張のうち最も強固なものは，新たな要素を追加することより，製造されたものの完全さをより重視する点にある．

タスクリストが大きくなって増えているようなとき，そこまで作られたものが稼働しない際のジレンマは，管理者はよく知っている．どこにリソースを投入しようか？　アジャイルプロジェクトでは，この種の意思決定は個人よりも，グループの意思決定になるが，その問題は残る．アジャイル開発では明解で，「すべてのテストをパスするまで進めるな！」である．

この規律は称賛に値するが，時に人生では，知的で単純な方法を避け，独自の方法をとる．特に，バグに次ぐバグが発生することがある．テストが失敗すると，課題が解決できないまま動けなくなってしまうことがある．そのような場合においてもアジャイルの規律は正しい．バグが解決するまで，新たな機能に取り掛かることは無責任である．ただし，アジャイルの規律は，現段階では必ずしも必要でない機能にも適用される．そのような機能を取り除いてしまうというのも一つの方法となるだろう．この方法は，判断が難しいところではあるが，あまり役に立たないことに開発者が時間を使い，新たなバグを生むことを避けられるかもしれない．また，バグを仕様だと主張してごまかすこともできるかもしれない．しかし，長期的には助けにならない．なぜなら正しいバージョンが最終的には必

---

[9] 文献 [66] では，より発展させて自動化テストについて言及している．

要となるからである．

　重要なプロジェクトであれば，バグに対して，「ブロッキング」「重要」「軽微」といった分類をしているだろう．大きなプロジェクトにおいては，一般的には「ブロッキング」と「重要」と思われるが，どの分類のバグ（回帰テストが通らない）が発生している場合は，新しい機能を追加しない，といったポリシーを定義すべきであり，そのような解釈は許容してもよいだろう．

4.5.4　テストファーストでやろう

　より議論の的となる原則はテストファーストという考え方であり，XPの手法，テスト駆動開発や，テストファースト開発といった重要なプラクティスと関連している．このプラクティスについて，詳細まで分析するのもよいが，ここでは基本的なアイデアを確認することにとどめておこう．

　2つの単語「テスト」と「ファースト」から分かるように，実行可能なテストを書かずに，最初からコードを書いてはいけないという原則である．正確な要求仕様を書くことを避けるようなアプローチにおいて，テストは代替となる重要な部分であり，それゆえアイデアは自然なものである．しかし，XPのテストファーストの意味はさらに先を行っている．ケント・ベックは，それを「コードを変更する前に，失敗する自動化されたテストを書け」[92]と説明している．

　まだない機能を追加する場合を考えてみよう．要求を定義するといった伝統的なやり方でそれを考える代わりに，テストを書くのである．そして，驚くべきことに，回帰テストスイートにそのテスト追加し，そのテスト実行させる．その機能はまだ実装されていないので，テストは失敗するはずだ．それから，テストをパスするまでコードを修正するのである．

> テストファーストの原則は，テストの役割に対するダイクストラの見解に基づいており，この章の最初で述べた反証可能性の概念とも関連する．興味深いことに，原則は反証可能であるべきという主張と同様に，ソフトウェアの機能に対して，製品にその機能が実装されていないことを示すテストが存在するべきなのである．成功するテストケースは，数によらず，何も示さないのである．成功事例のセットが理論や原則の妥当性を証明しないのと同様である．テストを最初に書くことは，機能がどんなものであるのかを明確にする助けとなるのである．

テストファーストプログラミングを指示する最も重要な論拠は，再度，ケント・ベックの言葉になるが，本当に必要なのかどうなのかも分からない機能を実装するコードを製造すること，つまり，スコープクリープを避けることである．YAGNIを思い出してほしい．テストファーストは，新たなコードを作成する最初のコストを増加させる．なぜなら，最初にテストを書かなければ開始することは許されないことに気が付くからである．また，テストを書くには新たな機能の利用シナリオを想像する必要がある．機能を考えるのに困った場合に，その機能拡張は必要ではないと考えて，切り捨てるかもしれない．そして，より重要な機能のために時間を確保し，品質を疑わしくするようなテストされていないコードを作成することも避ける．

　コードの前にテストを書くという指示は，XPでは本質的であると考えられており，人にとってはさらに先を行っていて，仕様の代わりにテストを利用しようとして，容易ならぬ批判の対象になったりもする．しかし，主要なアジャイルの貢献は，コードを実行できるテストを提供せずに，どんな機能も追加しないというアイデアだと理解している．基本的なルールとして，テストのないコードに比べれば，テストが事前，その最中，直後に書かれるか否かは大した問題ではない．

4.5.5　シナリオを使って要求を表現しよう

　アジャイルは，前もっての要求を整理することを拒否する．しかしながら，ソフトウェア開発には，事前であるか否かはともかく，要求が必要である．アジャイル開発は，実際にユーザの期待にあるソフトウェアを開発する必要性と，ビジネスにROIを提供する必要性を主張している．

　前節で，我々は要求に対するアジャイルの考え方の一部を確認した．開発サイクルの中で持続したテストを実行することである．テストは完全には要求に置き換われないため，他のものが必要である．アジャイル開発において推奨されている主要な要求の手法は，テストよりももっと抽象化された概念であり，アジャイル開発以前から存在するユースケースや，ユーザストーリーの利用である．双方ともに，ユーザとシステムの典型的な相互作用シナリオを説明する．

　ユースケースは粒度が粗いもので，典型的にはシステム全体を通して説明する．例えば，製品をインターネットサイトで注文するようなものである．

　ユーザストーリーは，相互作用の基本的な単位で記述するものである．先ほど例示したように，標準的なユーザストーリーは次の形式になっている．

第 4 章　アジャイルの原則

　　［役割］として，［行動］をしたい．なぜなら，［ゴール］
　　※ゴールの部分はない場合もある

例えば，グラフィカルなゲームの製品では，次のようなユーザストーリーが考えられる [26]．

　　プレーヤーとして，獲得物のすべてを点滅させるか光らせたい．なぜなら，獲得
　　物を確認したいからだ．

本書では，ユースケースとユーザストーリーの双方の意味として「シナリオ」という言葉を使おう．

要求仕様のためにシナリオを使う原則は最も広く実践されているアジャイルの考え方の一つであり，最も危険なものの一つでもある．しかし，ここでは，アジャイルの考え方のまま進んでみよう．仕様は一般的なものである．すべての場合において，何が起こるべきかを表現したものである．ユースケースやユーザストーリーは，テストのように，特化したものである．あるケースで何が起こるかのみを記述したものである．ユーザストーリーが 10 個あれば，10 通りのケースを規定することができるが，それでも仕様の抽象化には及ばない．もし，私が入力 1 に対して 1 を生産し，入力 2 に対しては 4，入力 3 に対しては 9，そして入力 4 に対しては 16 を出すような関数について話すのであれば，他の値について，言及する必要はない．

　　カーブフィッティングプログラムにこれらの値をプロットしてみた．測定のた
　　めに値を入れる．5 を入れると 25 がでるような，最もよくフィットする関数に
　　よって予測された結果から判断する．案の定，6 の場合は 36 であると予測され
　　るが，それだけではなくて，34 や 35.6 のときもある．詳細はブログ [64] を見て
　　ほしい．

一方で，もし私が fx は x の 2 乗であると伝えれば，話を終わらせられるし，疑問も起こらない．

要求の代わりにシナリオを使うことによって起こるダメージを直接に体感することは残念ながら簡単である．特に，多くの Web アプリケーショはそのように設計されている．設計者が想像したようなスキームの中で操作している限りは，相互作用を適切に取り扱ってくれる．しかし，標準のケースから逸脱するとすぐに失敗する．

典型的な例として，少しだけ昔だが，年金プランのシステムに取り組んでいた小さなビジネスのオーナーに会った．このシステムには，年金プランのメンバーと管理者に対応付けられたシナリオが提供されていた．問題は，特定のシナリオを考慮していないだけでなく，プログラムの書き手でもあったことである．

これは，伝統的な要求の手法で努力したほうがうまくいく場合である．詳細から一般化を求め，個々の例から抽象化するように求めるのである．もちろん，それですべてのケースで適用できる保証はない．しかし，要求仕様を書こうとすると，少なくとも，問題やソリューションフレームワークを説明するように促される．ジャクソンの用語を借りれば，ドメインと機械を特定することになるのである．

第5章 アジャイルの役割

第 5 章　アジャイルの役割

アジャイル開発の最も具体的で直接的な効果の一つは，プロジェクトメンバーに，自身の義務と権利に新しく目を向けさせることである．アジャイル開発は，特に，管理者，顧客，開発チームの役割を再定義する．

5.1　管理者

最も目立つ指摘により，アジャイルにおける管理者が実施すること，そして，特に実施すべきでないことが変わってくる．この点に関しては，アジャイルの主張においては，管理者がすべきでないことが大半である．例えば，管理者は以下のことを行わない．

- タスクのアサイン（アジャイル以外では，おそらく管理者の義務）
- どんな機能を実装するかの決定（これもまた，古典的な管理者の権利）
- チームメンバーの仕事の方向付け
- ステータスレポートの要求

ヘンリー・フォード (Henry Ford) やスティーブ・ジョブズのような管理者にとっては必要ない指摘だろう．ここに列挙したタスクは，もはや管理者の権限ではなく，次の節で述べる他の役割にアサインされるべきタスクである．これらのタスクは，チーム全体か，スクラムマスターのような新しいロールにアサインされる．

では，管理者に何が残されるのであろうか？　本質的には，支援するロールであり，以下のようなタスクである[1]．

- チームがうまく働けるような環境の確立
- 組織とのスムーズな意思疎通を行うこと．この役割において，管理者は，経営層やほかの組織体からチームを守る擁護者となる．このタスクでは，アジャイルを完全には理解していないかもしれない他部門が，古いやり方によってアジャイルプロジェクトの進捗を邪魔しないようにしなければならない．
- サプライヤーやアウトソーシングパートナーを含めた，リソースの管理

---

[1] （訳注）スクラムにおいては，最初の 2 項目はスクラムマスター，3 番目はプロダクト・オーナーの役割と規定することが一般的だが，管理者という存在を許容した場合の役割として列挙していると思われる．

この変化を説明するため，スクラム界では一般的に，管理者は，「乳母」となるのではなく，「教祖」となるといわれている．スクラムでは，管理者の役割を全く含まず，より先進的である．ケン・シュエイバーは次のように述べている [78]．

> スクラムには 3 つのロールしかない．プロダクトオーナー，開発チーム[2]，スクラムマスター．プロジェクトにおけるすべてのマネジメント責任はこれらの 3 つのロールに分割される．

次節では，これらの役割について確認していく．管理者の役割を取り除くことに疑問を感じるのは当然で，特に責任があいまいになったときなどはそうだろう．この問題については，本章の最後で議論する．

5.2　プロダクトオーナー

スクラムにおいて，プロダクトの機能を決定するのは，プロダクトオーナーと呼ばれる顧客組織のメンバーのタスクとなる．ピヒラー (Pichler) によって指摘されているように，プロダクトオーナーは，プロダクトの推進者であり，プロダクトに関する意思決定を促進し，最終決定権を持っている [30]．

具体的には，プロダクトオーナーの主な責任は，プロダクトバックログ（機能のリスト）の定義と保守である．プロダクトバックログでは，プロダクトレベルでの機能について扱う．スプリントのはじめにチームによって定義される機能を実装するために必要となるような個々のタスクについては話題にならない．ただし，プロダクトオーナーにとっては，次の点で，各スプリントの最初と最後に参加することが重要である．

> スプリントの最初に，プロダクトバックログからユーザストーリーを選択し，ビジネスの観点からユーザストーリーを説明する
> スプリントの最後に，スプリントの結果を評価する[3]

---

[2] (訳注) 原著では Team という表現になっているが，スクラムには，スクラムチームと，開発チームの 2 種類のチームが定義されている．混同を避けるため以降でも開発チームと表現する．
[3] (訳注) プロダクトオーナーは，常に進捗を把握することが望ましい．スプリントの最後（スプリントレビュー）は，プロダクトオーナーの評価を得るのではなく，ステークホルダーからのフィードバックを得ることが目的である．

第 5 章　アジャイルの役割

　　スクラムのプロダクトオーナーの役割は，プロジェクト管理者の古典的な責任の一つである機能の決定についてカバーしているが，他はカバーしていない．ルールの徹底はスクラムマスターの仕事であり，個々の開発タスクをアサインするのは，次の役割である開発チームとなる．

　　プロダクトオーナーのアイデアは，スクラムの重要な貢献である．その主たる利点は，プロジェクトの目的の定義，それらが到達できたかの評価をプロジェクトの日々のマネジメント（特に目的を達成するためのタスク）と切り離した点にある．

5.3　開発チーム

　　チームとは人々のグループであるが，ギリシャ悲劇のコーラスのように，単一のキャラクターとしても見ることができる．開発チームは，古典的な管理者の複数の責任を引き継ぐ．その中には，順次，次にどのタスクを実装するのかを決定するという重大な責任も含まれている[4]．

5.3.1　自己組織化

　　前のセクションで見たように，チームは管理者によって方向づけられた人たちのグループではなく，自信を持ち，自己組織化されている．

　　これらの原則があべこべになったものとして，ケン・シュエイバーは，スクラムが適用されているが正しく運用されていない会社の例を次のように報告している [78]．

> あるスクラムマスターが「彼のデイリースクラム」に私を招待した．私の頭の中で危険な感覚が広がっていった．なぜ「チームのデイリースクラム」ではなく「彼のデイリースクラム」なのだろうか？ ミーティングにおいて，彼は部屋をぐるぐるまわり，各メンバーのタスクが完了したか否かを聞き回っている．彼はこんな具合に質問をした．「メアリー，昨日君に任せたスクリーンのデザインは終わった？ 今日はダイアログボックスに取り掛かれる？」．いったん，リストを確認しつくすと，彼はチームに何か助けが必要かどうか尋ねたが，全員黙っていた．

---

[4]（訳注）どのユーザストーリーを実装するのかを決めるのは，プロダクトオーナーの役割である．実装するユーザストーリーを実現するためのタスク，手順についての意思決定は，開発チームの役割である．

彼の手法に対して感じたことを，伝えるのはなかなか骨が折れそうだ．

もちろん，ケン・シュエイバーが感じたことは，決して良いことではない．チームが残っているタスクから自身で次に何をするのかを決定するという考え方と矛盾しているのである．

アジャイル開発におけるチームは自己組織化される．コックバーンとハイスミス(Highsmith) は次のように述べている [23]．

> アジャイルチームは，組織内外を超えた，自己組織化と強固な協調によって特徴づけられる．チームは，発生した課題に適合するように，さまざまな形状に，何度も組織化していくことができる．

ここで主張されている主要な利点，新たな環境に素早く適応する能力という表現には注意してほしい．自己組織化するチームの主要なタスクは，次に実施すべきことを決定することである．スクラムでは，タスクリスト（スプリントバックログ）から，実装される次のタスクを選択することを意味する．

アジャイルの文献では，長い文章を割いて，自己組織化とはリーダーがいないことを意味するものではないことを示している．前章で述べたように，少なくとも管理者がいまだに役割を持っている手法もある．しかしながら，この役割は，次のタスクを決定するといった日々の意思決定への干渉は含んでいない．

5.3.2 機能横断的

アジャイルチームの推奨されている他の特徴は，機能横断的であることである．ポッペンディーク夫妻は以下のように書いている [57]．

> アジャイル開発は，機能横断的チームにおいて，非常によく機能する．機能横断的チームとは，そのチーム単独で顧客に便利な一連の機能を提供するために必要なスキルや自信を持っているようなチームのことである．これは，チームは常に機能やサービスごとに結成されるべきということを意味している．

能力ごとにチームに分けて組織化する方法は否定される．例えば，組込みシステムのためのハードウェアチームとソフトウェアチームや，データベースチームとアプリケーションロジックチームのような分け方も考えられる．アジャイルでは，ユーザ視点で目に見え

る機能によって分割することが推奨されている．例えば，基本となるインフラが共通であっても，チームの一部が「新たな注文の処理」のシナリオを担当し，チームの他の一部が「注文のキャンセル」を担当する．

そのような仕事の割り当て方は，特定のタスクに関する一時的な責任しか与えず，長い期間にわたって専門化したタスクではないため，専門性が低くなるとも取れる．完全に機能横断化されたチームでは，どんな開発者でもタスクリストから次のタスクを選択することができて，どんなタスクであっても，チームが最も優先度を置いたであろうものを選択できる．アジャイルの役割を提示すると，機能横断型チームの長所と限界を議論することにもつながる．

5.4　メンバーとオブザーバ

アジャイルの世界とスクラムでは，どんなプロジェクトのためにも，2種類の参加者を区別する．本当にプロジェクトにコミットし，プロジェクトの成功が決定的に重要な意味を持つような参加者と，関与しているものの第三者的な参加者である．一般的には，前者は豚，後者は鶏と呼ばれている[5]．これらは，無数にある出版物（引用するに値しない）で繰り返し利用されてきたたわいもないジョークである．動物学の整理のあるなしにかかわらず，このコンセプトに新しいものはほとんどない．メンバーとオブサーバーの区別は一般的なものである．他の用語に「コア参加者」「トラベラー」というものもある．

日々のミーティングのための区別は特に重要であり，2つの分類は以下のように説明される．メンバーが議論を支配すべきであり，オブザーバーは見守るべきである．オブザーバーは意見を求められれば意見を言うが，実際のプロジェクトでの決定は，例えば，機能を拒否することなどを含めて，メンバーの権利である．

5.5　顧客

ここまで見てきたように，顧客を中心に位置づけるのは，アジャイル開発の原則の一つ

---

[5]（訳注）豚はその身が食料として価値を持つが，鶏はその身ではなく，鶏が産んだ卵が食料として価値を持つことに由来する．

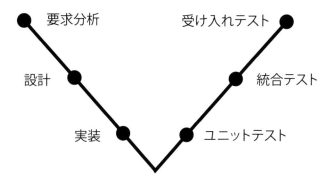

図 5.1　簡易なソフトウェアライフサイクルの V モデル

である．具体的には，プロジェクトを通して顧客の役割を目立たせることで，時には，顧客の役割はプロジェクトのメンバーとなる場合もある．

　古典的な開発アプローチも，顧客を喜ばせるようなシステムを構築しようとし，言うまでもなく，ライフサイクルの最初と最後のような特定のフェーズにおいてのみ，顧客の関与を許可している．V モデルはウォーターフォールの派生形であるが，このモデルに当てはめれば，左上と右上のフェーズに相当する．

　ここで示されるシンプルな V モデルのイラストは，実装が最も下に来る一般的なものとは異なる．実装はユニットテストの対となるものであるため，一般的なものは理にかなっていない．ここで示す V モデルよりも多くのフェーズを持つ派生形も存在する．

　最初に行う要求フェーズを行っても，多くの場合，開発者は顧客からより多くの情報を後の行程で取得することになる．プロジェクトによっては，そのようなコンタクトを妨げたり，禁じたりする．それらの情報の取得経路を管理しようとすることは，顧客の役割で議論したことが理由であったとしても，合理的である．異なるステークホルダーは異なる観点を持っているので，代表となる人物と話すように確認する必要がある．ただし，開発者と顧客のどんなインタラクションも許さないという方法は，顧客の目的に合わないシステムを構築してしまう．アジャイル開発はより進んでいて，顧客とのインタラクションを必要とするのである．

　すべてのアジャイル開発おいて，基本となる考え方は共通であるが，顧客と関与する度合いは異なる．ロン・ジェフリーズが説明しているように，XP では，チームに顧客の代表を含めるように指示し，チーム全体の経験の一部となることを次のように表現している [49]．

> チームはビジネスの代表，つまり顧客を含めなければならない．顧客は要求を提供し，優先順位を設定し，プロジェクトを導いていく．顧客や顧客の補佐が，ドメインや必要なものを知っている真のユーザであれば，最高である．

この役割はスクラムでは明確に現れない．プロダクトオーナーは顧客を代表する責任を持っており，チームをビジネスゴールに導くという，より一般的な役割なのである．

顧客の代表をチームに含めるというアイデアを受け入れてしまえば，XPの顧客の代表を含めるよりも，スクラムのアプローチは優れている．しかし，体系的な研究ではなく，ケーススタディであるが，善意のある顧客の代表ですら，意見をまとめることが難しいという結果も出ている．うまくまとめられる場合もあるが，顧客の代表は，のけ者にされたように感じてしまうこともある．これは，関心事の多くが，顧客の代表が理解できないような技術的な議論になることが多く，大半の時間は，うんざりと座っているだけになるためだ．さらに，意思決定権を持たない顧客の代表というものは，良さと同等に問題も抱えている．どこまで顧客の代表として要求を表現するか，どこからが個人の要求なのかを判断することは難しい．組織がその人をフルタイムでアサインする一方で，その人には何の意思決定権もない人（代表なき課税[6]のような状態）は，アプリケーションメインの専門家と呼べるだろうか．そのような人は通常，様々なところから求められ，そのアプリケーションメインの仕事で非常に忙しいため，十中八九無理だろう．十分な時間があり，開発チームに何か月も配置できるような人であれば，顧客の組織はあなたを助けようとしているのか，それとも，厄介払いをしたいだけなのか，疑わしくなってくるだろう．

スクラムにおけるプロダクトオーナーという考えに加え，フルタイムである必要はないが，戦略的な意思決定を行う顧客の代表という役割を加えてもよい．顧客の代表は，プロダクトに含めるもの，含めないものを決定する最終決定権を持つ．この役割があれば，ビジネスを理解し，役に立つ情報を開発者に提供するプロダクトオーナーをプロジェクトに参画させることが正当化されるだろう．

---

[6] 独立前のアメリカは，イギリス議会への代表権がない（代表を送っていない）のにイギリスの国税を課税されていた．独立推進派は，これを不合理と見なした．

5.6 コーチ，スクラムマスター

　アジャイル開発は，日々利用される中で，様々な問題が発生する．また，推奨されている原則から，チームが逸脱しないようにする必要がある．時には，プロジェクト管理者がこの役割を実行するが，これを特定の個人に割り当てることが推奨されている．その役割は，XP におけるコーチであり，スクラムにおけるスクラムマスターである．

　ラーマンは，多くの異なるグループにアドバイスを行う際の「中心となる」コーチングチームを置くことを推奨している [52]．彼はまた，コーチの役割は，指示することではなく，アドバイスを行うことと主張している．この観点では，何をすべきかを伝えることはできるが，アジャイルにおいて実際の仕事をやる覚悟がないコンサルタントや管理者と同様に，その意義に懐疑的になるだろう．

　コーチは，育成する役割を意味する．スクラムマスターは，それに加えて，マネジメントの役割を持つ．その境界は薄く，コーンは以下のように記載している [29]．

　　スクラムマスターは，「あなたはクビだ！」とは言えないかもしれないが，「来月
　　2 週間のスプリントを行うことを決定した」とは言える．

　より一般的 [81] には，

　　スクラムマスターは，スクラムチームが，スクラムの価値やプラクティスにより
　　存続することを確実にすることに責任を持つ．

　しかし，その役割は政治的な人民委員の役割より重要である．最も優先されるタスクは，デイリーミーティングにおいてチームメンバーによって特定された障害を取り除くことである．チームが最大の生産性を発揮し，可能な限り多くのユーザストーリーを実装することを妨げる技術的，組織的な多くの障害がある．技術的な障害としては，開発者が特定のタスクを解決するための適したアルゴリズムを知らないために，捗らない場合などが考えられる．政治的や組織的な障害もあり，例えば，コンピューターがメモリ不足で過負荷になったり，協力会社がシステムのコンポーネントを納品するのに失敗する場合などがそうである．

　スクラムマスターは，組織からの邪魔や過度の干渉に対して，チームを守る責任がある．

これはアジャイルの信条で，開発者はタスクに集中することが必要であるとされているためである．

スクラムマスターのコンセプトは大きな成功をもたらした．成功の中には，非技術的な要素に起因しているものもある．スクラムマスターであれば，スクラムマスターの認定を受けることを検討する価値はある．認定スクラムマスターであるとは，しかるべきトレーニングを受けて，お金を払ったことを意味するのである．スクラムの認定という仕組みは良いビジネスである．このビジネスにより，自己を強化する好循環が生まれるのである．認定スクラムマスターは自然とスクラムの提唱者となり，より多くの企業において，もっとたくさんのスクラムマスターが必要であると考えるようになる．

新しい手法において，その手法を正しく適用するのを支援するコーチを設けるという基本的な考え方は健全である．スクラムマスターがその仕事だけを実施し，開発者としては機能しないという点については議論の余地がある．そのような可能性を排除まではしないが，アジャイルの文献では，スクラムマスターはコーチだけであるべきというように明確に位置づけている．たとえプロジェクトが小さくても，そのプロジェクトで別の役割も担うより，複数のプロジェクトを担い，複数のチームをコーチングするほうがよい．スクリムシャイアー (Scrimshire) は，実装も行うコーチのリスクを以下のように書いている [83]．

> 仕事に直接的に巻き込まれ，システム開発の中の要員になり，チームの中の困難に直接的に影響されるようになることは，スクラムマスターが客観性を失う可能性があるということだ．スクラムマスターが問題に近づきすぎてしまい，チームに効果的にコーチできなくなるおそれがある．
>
> 開発者として，進むための振る舞いを指示したり制御したりする機会もあるだろう．十分な品性を持つ開発者は，コーチやファシリテーターとして客観性を維持したり，バイアスのかかっていない質問を行うことができるであろうか？もし，チームが受け入れたいと思うアプローチや機能と異なる技術的な見解を，その開発者が持っていたらどうなるだろうか？

私の経験はこのアドバイスと全く逆である．これまでに，アドバイザーが厄介なものに手を出さないという残念な光景を数多く見てきた．それは，コンサルタントであることの素晴らしい点である．プロジェクトがうまくいけばあなたのアドバイスに感謝し，プロジェクトがうまくいかなければアドバイスに適切に従わなかったということだ．スクラム

5.6 コーチ，スクラムマスター

では，コンサルタントは，さらに楽に実施できる．なぜなら，スクラムマスターもプログラミングに携わらないし，他の責任の重いタスクである管理にも携わらないのである．

伝統的な環境では，開発者は，おおむねアドバイスだけのコンサルタントに大きな敬意を払わない．アジャイル開発や，アドバイスだけのスクラムマスターが真面目に取り扱われるスクラムでは，十分な敬意が払われる．この催眠術は永遠に続かないであろう．そして企業は実際に利益をもたらすような仕事に着目するであろう．赤軍ですら旧ソ連の人民委員をもはや必要としないのである．すでに今日では，すべての人がアイデアを買ってくれるわけでない．先に述べたスクリムシャイアーの記事に対して，インドの読者は次のようにコメントしている．

> 組織が技術的なスキルを持つ人間を雇用しようという流れになっている．特にインドにおいては，スクラムマスターは一つの独立した役割として見なされておらず，開発者と一緒の活動と見なされる．このような役割をテクニカルスクラムマスターと呼ぶのである．

いくつかの共通見解が出ることはよいことである，少なくともインドだけにおいても．プログラムも行うスクラムマスターは，問題に近いという利点があり，近すぎるかもしれないが，遠すぎるよりはよいだろう．チームの残りのメンバーにどのようにアドバイスするかを知るために，自分の最も強い点で戦うというのは最善の方法である．

開発者ではなく，管理者にコーチングの役割をアサインすることも，また筋が通っている．良い技術管理者は，コーチとして奉仕できるように十分な経験を積んでいるはずだ．コーチは伝統的な管理者の役割であるし，プロジェクトに参画した管理者がそれを実施しない，という明確な理由もない．

ハーラン・ミルズ (Harlan Mills) は，1971 年に，チーフプログラマーというコンセプトを開発した [67]．チーフプログラマーは，チームで最高のプログラマーであり，マネジメントの能力も持ち，戦いでチームを導き昇進するような司令官である．チーフプログラマーは技術管理者であるが，時々腕をまくり，システムの最も厄介な部分の設計や実装を行う．チーフプログラマーのポテンシャルを持った人がほとんどいないことだけからも，この技術はすべてのチームに適用できるものではない．しかし，その人（チーフプログラマーと）とそのチームにとっては有効である可能性がある．また，良いチーフプログラマーは，コーチの役割も実行できるであろう．

5.7 役割の分離

　スクラムの3つの役割（スクラムマスター，チーム，プロダクトオーナー），そして，これ以外の役割が不要という主張をどう判断すべきだろうか．通常，取り入れるべきこともあるし，捨てるべきものもある．

　最も面白いアイデアは，管理者の責任から，プロダクトオーナーの役割を切り離したことである．多くの文脈において，異なる2人の人間，もしくはスクラムにおけるチームのようなグループに，次の役割を分けたことは有益である．

- 日々のプロジェクトの方向づけ
- ビジネスのために何をするべきか定義し，それが実行されているか確認すること

　この区別は，ビジネスと技術のことを等しく分かる人間がいないプロジェクトにも適用することができる．そのような状況は，ビジネスやデータ処理など企業のプロジェクトで起こる．アジャイル開発は，こういった分野の経験を取り入れているのである．技術的な会社，特に，Microsoft，Google，Facebookといったソフトウェアの会社においては，ソフトウェアとビジネスという伝統的な区分けは存在しない．なぜなら，ビジネスはソフトウェアであり，その逆もしかりだからである．そのような環境では，ビジネスのニーズと完全に調和して，プロジェクトを完璧に導くようなエグゼクティブを見つけることができる．もしあなたが，プロジェクト管理者を雇用しようとするなら，それはスクラムや他のアジャイル開発に嫌われるアイデアであるが，その人はプロダクトオーナーとしても，見なされるかもしれない．

　管理者とプロダクトオーナーの役割を統合することに対する論点は，スクリムシャイアーの言葉で言う「問題に近すぎる」リスクである．彼は，開発者とコーチの役割を分離させるための理由として，そのリスクを引き合いに出した．実際に，開発者とコーチの役割を分離する場合に生ずる懸念のわずかな原因になっているとは思う．しかしながら，プロジェクト管理者とプロダクトオーナーの役割においては，そのリスクはより重大となる．管理者はプロジェクトにどっぷりと巻き込まれ，あまりに巻き込まれるあまりに，ストックホルム症候群のようになったり，プロジェクトのそもそもの存在意義であるビジネスのニーズが分からなくなったりする．しっかりとしたプロダクトオーナーは，この誘惑には

負けないであろう．プロダクトオーナーは，プロジェクトの真の進捗を，独立してチェックするのである．

　管理者とプロダクトオーナーを2名アサインするか，役割を分けるという決定は，整合性と独立性のトレードオフである．チームにクリアなビジョンを定義する一人のプロジェクト管理者による整合性と，2つ目の視点を入れることによる独立性である．すべてのプロジェクトは，環境を考慮してトレードオフを分析するべきであり，一つの解や独断的な解は存在しない．多くのプロジェクトでは，特にリソースが限られている場合には，次のように，その他の統合も検討してみてほしい．

- 最も経験のある開発者をコーチ，あるいは，スクラムマスターとするのは，インドだけではなく，筋が通っているかもしれない．
- 管理者がコーチも行う．管理者が技術管理者であり，他のチームメンバーより経験が豊富でマネジメントタスクの実施に加えてメンターやコーチを生まれながらに実施できるようなチーフプログラマーであった場合は，特に適切であり，一般的である．
- 一方で，コーチとプロダクトオーナーを統合することは理にかなわない．ただし，後者がマネージャーと別のときに限る．独立したプロダクトオーナーは，ビジネスのニーズを表現するべきで，チームがどのように働くかには干渉すべきでないだろう．

　より一般的には，プロジェクトにコーチの存在を保証することは良いアイデアである一方，それを分離された役割とする手法は良くない．コンサルタントにとって良いビジネス戦略であることに疑いはないが，ビジネスとしては，語り手よりも実践者のほうが，予算とプロジェクトは良くなるだろう．

第6章

管理者のプラクティス

アジャイル開発は，ソフトウェア開発プロジェクトに対して，前章で述べたような役割だけでなく，具体的なプラクティスが提示されている．例えば，デイリーミーティング，ペアプログラミング，テスト駆動開発などがある．

ところで，どんなものがソフトウェア開発のプラクティスとして適格なのだろうか？ プラクティスは活動や仕事のやり方であるべきだが，繰り返して利用するために，特別な工夫も必要である．繰り返しが無い場合でも，我々は興味深い技術を使うかもしれないが，手順に従って実行でき（活動の場合），体系的なもの（仕事のやり方の場合）でなければ，プラクティスではない．

スクラムでは，プラクティスを，より魅力的に「セレモニー」と呼ぶ場合もある．

この章では，プロジェクトの組織と管理に関するプラクティスから始め，後続の章で，技術的なプラクティスやソフトウェア特有のプラクティスについて述べる．

6.1 スプリント

アジャイル開発の核となる原則の一つは，反復して働くことで，頻繁に成果物を作ることである．すべてのアジャイル開発で，このアイデアを適用しているが，個々のイテレーション（繰り返し）の期間については，様々な方法がある．このイテレーションの名称として，スクラムの用語である「スプリント」が広く使われるようになった．

スプリントの目的は，タスクリストにある仕事を行い，プロジェクトを前に進めることである．このタスクリストは，スクラムではスプリントバックログとして知られている．ほとんどのアジャイル開発において，リストの各タスクは「ユーザストーリー」の実現として定義される[1]．

6.1.1 スプリントの基礎

スクラムのスプリントは，通常1か月の長さである[2]．多くのチームでは，異なる期間でスプリントを実施しており，スクラム以外のアジャイル開発でも，数週間より長いものでない限り（アジャイルの基本的なアイデアでは短い反復間隔で開発を行うとしている），

---

[1] （訳注）スクラムにおいてリストの各タスクは，「タスク」と呼ばれるユーザストーリーを実現するために必要な作業である．

[2] （訳注）スクラムガイドにおいて，スプリントの期間は1か月以下という定義になっている．

様々な長さのイテレーションを推奨している．

1か月程度続くような個々のイテレーションで開発を分割して行うという考え方により，スプリントという概念が定義されている．しかし，もう一つの特性が，特にスクラムでは強調されており，重要なものである．それは，「スプリントの間は，タスクリストは増えない」というルールである．このルールは絶対であるべきで，作業者，公爵，皇帝，プロジェクト管理者，誰であれ，スプリントが進行している間は，何も追加することができない．

このルールは，スプリントが短い際には現実的である．もし，イテレーションが6か月続く場合であれば，顧客や管理者の「機能を追加したい」という衝動を抑えるのは明らかに不可能である．1か月であれば，すべての人がポリシーに同意して，プロジェクトにおいて機能を追加することを厳格に禁止できるだろう．追加したいと懇願する人の立場によらず，例外はないのである．本当に緊急を要するような場合にも，現在のスプリントが終わるまで待ち，次のスプリントに含める可能性があるものとして扱われる．もし，想定した機能がないことが致命的な問題なのであれば，そのときの唯一の解決方法は，極端なものになる（プログラムの実行中における例外と同種のものである）．つまり，スプリントの早期終了である．この決定は，ここまで見てきたように，プロダクトオーナーの権利である．これは過激な決定である．プロダクトオーナーは物事が危機的であると感じない限り，すべての人と同様に，次のスプリントまで待つ．

6.1.2　閉じられた窓ルール

スプリント中には機能追加しないというルールは，我々が前の章で見てきた原則の一つから生じたものである．アジャイルの文献では，これについて特別な名前を与えていないようであるが，名づけるのに値するほど重要である．そこで，それを「閉じたられた窓のルール」と呼ぶ．スプリントが進行中のときには，変更のための窓は閉じられているのである．

閉じられた窓のルールは，成功するソフトウェア開発にとって，最大の障害の一つを解決する，破壊的なフィーチャークリープ[3]である．より正確には，破壊的な顧客やマネジメントが引き起こしたフィーチャークリープである．顧客やマネージャーはアイデアをいっぱい持っており，新たな機能を夢見続ける．早期バージョンのデモを彼らに見せること（これは，おおむね良いプラクティスであり，アジャイルのアプローチで強く推奨され

---

[3]（訳注）フィーチャークリープとは，思い付いた機能を次々追加し，機能が肥大化すること．

ている）は，まだない機能に注意を向けさせてしまい，状況を悪化させてしまう場合がある．フィーチャークリープそのものは不可避であって，その状況自体は健全である．重要なステークホルダーが意見を言ってくれたときに，最高の結果を生むシステムとなるのである．問題は，優先度を変更する権限を持った人が，機能に対して行う要求は，破壊的だということである．彼・彼女らは，素晴らしいアイデアを思いつき，それが，現在予定されているタスクに割り当てられた予算の中で，いますぐ実装されるべきであると言う．そのような干渉は，すぐにプロジェクトを頓挫させる．優先順位はぐちゃぐちゃになり，重要な仕事が遅れ，開発者がモラルをなくす．しかし，明確なプロセスがなければ，そのようなリクエストを拒絶するのは，政治的な理由で難しい．

閉じられた窓のルールは，フィーチャークリープのリスクを無視するのであれ，正面から戦うのであれ，その議論をスプリント・プランニングというフレームワークの中に限定することができるのである．現実的な見方をすると，機能のアイデアにおける自然淘汰のようなものである．多くの場合，素晴らしいアイデアも，数日たってそれを見るとその輝きを失っている．次のスプリントのために機能を選択するときになると，もはやそれほど緊急性は高くないかもしれない．混乱は避けられ，ノイズは放っておけばなんとかなる．本当に考えるに値するアイデアであれば，他のタスクよりも優先して扱われるだろう．

6.1.3 スプリント：評価

スプリントの期間と，閉じられた窓のルールの2つの側面は，議論する価値がある．

1か月の標準のスプリント期間は適切だと思われる．この本で，我々はしばしば，厳密なアジャイルのルールは固すぎると指摘している．時には，正しい詳細よりも，考え方のほうが重要である場合も多い．特定の場合には，正確なスクラムの1か月という期間（計画とレビューを含める）はよく機能する．より正確には，スクラムは30日と特定している．以前にも述べたように，私は，カレンダー月を利用するとより効果的であることを発見した．単純化によって集中できる．

閉じられた窓のルールは，極めて優れたアイデアである．アジャイルソフトウェア開発宣言の原則：A2「変更要求を歓迎せよ，開発の後半においても」に矛盾する．すべての変更が，いつでも歓迎されるとは限らないと認めることは，変更の取り扱い（または，原則にあるように，変更の抑制）のフレームワークを提供する．

6.2 デイリーミーティング（朝会）

　核となるアジャイルのプラクティスの一つは，デイリーミーティングである．「スタンドアップ・ミーティング」や「デイリースクラム」としても知られている．元々のアイデアでは，ミーティングが長く続かない（15分が標準）ように，立って実施することが求められた．しかし，その方法は，実用的ではないので，通常は適用されない．多くのグループが，より洗練された同等な形で実施している．

　業務の最初にミーティングを実施するのは，対面でのやりとりがプロジェクトの成功に極めて重要であるという一般的なアジャイルの原則に基づいたものである．また，一般的に，たくさんのプロセスや，長い会議のような無駄（リーンについて考えてほしい）を生みやすいプラクティスに不信感を持っていることも，この方法が受け入れられる要因となった．そのため，頻度と時間の制約が重要となってくる．

　そこで，スクラムにおいては，特にデイリースクラムが対象としないことが明確になっている．デイリースクラムの目的は，問題を解決したり，深い技術的な議論を行うことではない．そして，ミーティングの焦点は，「*3つの質問に回答する*」という形で明確に定義されている．「前日に何をやったか？」「今日は何をやるつもりか？」「何か障害はないか？」が，その3つの質問である．

　最初の2つの質問で，チームは，プロジェクトの進捗と直近の未来を確認できる．また，チームメンバーが現実的なコミットメントを行い，それを実行することを確かにする．2番目の質問に対する答えは，言わば約束であり，翌日の最初の質問に対する答え，つまり結果と対応するのである．コーンが書いているように，これは，上長が誰の進捗が遅れているかを見出すための情報のアップデートではなく，チームメンバーがお互いに意思表示を行うための場である．

　3つ目の質問における障害とは，チームメンバーと自身が立てた目標の実現に立ちふさがる障害である．技術的な障害としては，ハードウェアとソフトウェアプロダクトに関する問題があり，組織的な障害としては，あるメンバーからの情報が必要な場合に，そのメンバーが不在にしていることなどがある．ミーティングでは，短い時間でその障害を取り除くか，その障害を取り除く責任を与える．具体的には，スクラムにおいて，障害を取り除くことはスクラムマスターの主要な責任の一つである．

第 6 章　管理者のプラクティス

　アジャイルの著者によって強調されているように，デイリーミーティングの目的をゆがめたり，その効果を脅かすようなプラクティスを警戒するべきである．主要な 2 つの脅威は，脱線状態に入るメンバーと，深い技術的な話題に入るメンバーである．これらのリスクに気づけば，それらをかわすことは比較的容易である．良いプラクティスの実現に責任を持つ人，つまり，伝統的な手法におけるプロジェクトマネージャーや，スクラムマスターは，以下のようなことを実施できる．

- とりとめもなく話す人に簡潔にすることを気づかせる．より間接的な方法は，何人かが話せなくなるとしても，時間の制約を設定することである．責任があるということを理解させるためにも，長く話しすぎてしまうような事態を何度も経験させてはいけないのである．もし，そうなってしまっているのであれば，そのチームは本当に問題を抱えている．
- 技術的な議論が始まってしまったら，一度介入して，別のミーティングで話をするように促す．

　3 つの問いへの集中と，スコープと時間に対する厳密な制約を持つ，デイリーミーティングのアイデアは素晴らしい．他のアジャイルなアイデアと同様に，独善的になっていればそのアドバイスを聞く必要はない．地理的に分散したプロジェクトのような環境では，基本的なやり方から修正することは自然である．例えば，次のような修正が考えられる．

- 時間の設定：15 分のミーティング時間は，そこに居住しているチームにはよいが，一般的に分散したチームにとっては効果的ではない．良い技術を持ち，経験のあるグループであっても，本題に入るのに数分を要する（聞こえますかという確認，Skype から WebEx に変更しようといった呼びかけ，ビデオ会議室がまだ空いていない場合がある，といった事情で）ことがある．
- 柔軟な仕事のスケジュール：多くの組織では，従業員は異なる時間に到着するし，場合によっては家で働く．そのような方法は，直接の人間のコミュニケーションを主張するアジャイルと相反する．一方で，別の観点から，この状況は正当化される．例えば，「継続可能なペース」が望ましいし，企業としては，法律的には許容しなければならないだろう．
- タイムゾーン：カリフォルニアにメンバーがいて，他のメンバーは上海にいるようなグループを考える．冬のカリフォルニアの朝 7 時は，上海の夜 11 時である．しばら

6.2 デイリーミーティング（朝会）

くの間は夜まで起きているように依頼できるが，毎日は無理である．

- ミーティングのインフレ：技術的に深い議論を別のミーティングで行うのはよい理由がある一方，ミーティングの設定とそのオーバヘッドにはバランスをとるべきだ（木曜の午後にこれを議論しよう，木曜日は私はここにいないので，水曜の 10 時だとどう？ いいよ，だけどミーティングルームが空いてないな..といったように）．加えて，頭を切り替える時間も必要になる（全員が，それがどんなことであったのかを思い出す時間）．時には，問題が 20 分の議論で解決する場合もあり，その場ですぐに議論するのと同じくらい簡単な場合もある．
- 時間の設定：チームサイズによらず，同じ時間制限を使う理由はない．5 人のときは 15 分でよいかもしれないが，10 人では短いかもしれない．

　私が知っている分散したチームは，3 つの大陸にまたがり，そのプロセスを数年かけて磨いてきた．このチームでは 1 週間に 2 つのミーティングを行う．月曜と木曜に，時間をすべてのタイムゾーンで受け入れられる時間で行う．双方とも，ここまで述べたような理由によって 1 時間に設定されている．

- 月曜のミーティングは開発者ベース，期限ベースで行われる．目的は，次の期限に対する進捗のチェックである．スクラムのデイリーミーティングのような考え方である：各メンバーは現在の状況を 3 つの質問に基づき説明する．これに 1 時間が費やされ，技術的な議論は短い限りは許容される．ただし，より深い議論が必要になるようなものは木曜のミーティングに移動するか，他の方法（email の議論や他の会議）で行われる．このチームは，ずっと以前に時間を有効活用する方法を学んでおり，1 時間をオーバーしたことはない．このミーティングではアジェンダはない．ミーティングは参加者がミーティング中に閲覧できるタスクリスト（スクリーンでシェア）に沿って構成される．
- 対照的に，木曜日のミーティングはアジェンダベースで行われる．ミーティング秘書（グループのメンバーに順番で回ってくるタスク）によってあらかじめ収集された問題のリストの議論に専念する．決定は議事録（ミーティング中にリアルタイムで記録される）においてアクションアイテムとして記録され，次のミーティングのアジェンダの先頭にコピーされる．最初の議題は，デイリーミーティングと同じように，約束されたことをチェックすることである．

この試行錯誤（アジャイルや他のソフトウェアの本を読むのと同様）によって確立され

たやり方は，そのチームにはうまく機能する．異なる制約のあるチームにおいては，デイリーミーティングのアイデアを自身で調整するだろう．アジャイルの独善主義から独立し，複数の拠点，あるいは，近代的な企業における個人裁量での働き方において適用する際に，デイリーミーティング，特に3つの質問に注目するというアイデアは，主要な貢献の一つなのである．やがて，業界全体でデイリーミーティングが実践され，他の方法で仕事をしてきたことを忘れてしまうかもしれない．

6.3　計画ゲーム

　このセクションと次のセクションにおいてレビューする2つのプラクティスは，ソフトウェアの管理と開発において最も困難なチャレンジの一つを解決する，それは，開発対象のシステム，または，開発対象となるシステムの一部のコスト見積りである．プランニングゲームは，XPに由来しており，プランニングポーカーはスクラムに由来している．どちらの場合も，コスト見積りは，計画（プランニング）が通常カバーする範囲の一部である．しかしながら，その用語の限られたスコープは，前もって行うタスクを好まないアジャイルのモットーと一致する．

　伝統的に，見積りの単位は仕事の単位であった．例えば，人月や，より細かい粒度では，開発人日（一人のプログラマーの1日の作業）．より洗練されたメトリクスが最近開発された．具体的にはストーリーポイントであるが，これについては成果物の議論で確認する．このセクションと次のセクションの議論は，特定のメトリクスに依存しない形で行う．

　XPの計画ゲームは，あくまでもゲームであって，勝者と敗者のいる競技という意味ではなく，協調して行うゲームというゲーム理論の意味である．ゲームでは，2名のアクターが異なる基準を最大化しようとしながらも，最適な譲歩を見つけようとする．ケント・ベックの用語によれば，2名のアクターは，ビジネスと開発である．より単純には，顧客と開発者のグループである．顧客は機能を最大化しつつも，それを得る時間を最小化したい．一方で，開発者は機能のすべての要素の困難さを理解しており，それに要する時間は圧縮できないことを理解している．ゲームにおいて，以下を実行する．

- 顧客は，プロジェクトまたは特定のイテレーションのために，アジャイル開発らしくユーザストーリーで定義した機能要素のセットに優先度をつける．

- 開発者は，各ストーリーを実装するためのコスト（開発人日）を見積もる．

ゲーム中に，2つのグループはこれらのタスクを繰り返し実行する．見積りに対する調整も必要である．顧客は優先順位に基づいてストーリーを並べ替える．2つのチームが，最も高い優先順位のタスクを，トータルコスト，リリースまでの時間，開発者の人数で完了できると合意したとき，ゲームは終わる．ゲームの派生形には，厳密なリリースサイクルとの関係を考慮せずに，優先順位づけられたユーザストーリーのリストが結果となるものもある．

6.4　プランニングポーカー

スクラムのプランニングポーカーは，XPにおけるプランニングゲームと同じ問題に対する異なるアプローチであり，ユーザストーリーのコストを前もって見積もる方法である．なお，ここでの議論は，開発人日やストーリーポイント等の単位には依存しない．プランニングポーカーの2つのアイデアは，

- 見積り算出者の総意の判断を信用し，見積りは合意するまで繰り返される．
- 細かな差に対する無意味な論争を避けるため，明らかに異なる値から取捨選択する方式とする．

2つ目の基準を満たすような値として，フィボナッチ数列がある．0,1,(1),2,3,5,8,13,21,35

これはフィボナッチ数列ではないことに気づいただろうか．最後の数は34となるはずである．アジャイルのコンサルタントが生み出した，プランニングポーカーを売るための素晴らしいビジネス上の工夫なのである．1202年頃にイタリアで登場（インドでは2000年前に）したため，フィボナッチ数列の著作権の扱いが難しいことが問題なのである．しかし，心配する必要はない．値の一つを変えるだけでよいのである．こうすれば，著作権の侵害訴訟におびえることはない．ここで示したとおりでなくてもよいが，どうすればよいかは分かるだろう．

見積りを人日で行う場合，単純なユーザストーリーは，1日もかからずに実装されるかもしれないので，2番目の値は0.5に置き換えられる場合もある．最も大切なことは，見積り

を行う人たちが，特定のタスクが11日かかるのか12日かかるのかといった，重要でない差について論争するのを避けるため，十分に異なる値を使うことである．目的は正確な見積りを出すことよりも，荒削りな見積りを行うことである．プランニングポーカーの派生形には，より小さいセットを用いるものがあり，具体的には，X-smallからX-largeまでの5つのサイズしか提供しない「Tシャツサイジング」がある．ほとんどの派生形において，答えを提示するほど十分な情報がないと感じる見積り者のために，「?」という値も使う．

見積りの解答者は開発チームであり，開発チームにはプロダクトオーナーや必要な場合には顧客の代表者を含める．

これは，「デルファイ法」（専門家の合意形成手法）の形を適用している．デルファイ法は米軍を起源としており，数十年にわたって利用されている．また，より最近のコンセプトである「群衆の知恵」[87]にも影響されている．群衆の知恵は，「グループはベストな専門家の真ん中よりは良い決断を実施できる」というものである．共通認識を得ることが目的であって，多数派によって偏屈な考えの人を脅して協調させることではない．

機能要素のコストを見積もるプロセスは，以下のステップからなる

1. 誰か（通常はプロダクトオーナー）が，機能を説明する．
2. 参加者は必要であれば議論や質問をする．
3. 全参加者が，あらかじめ準備された値から，個人として見積り値を選択する．
4. 選択された見積り値が公開される．名前はこのプロセスに由来する．カードゲームと同じように，聞かれたときにあなたの手の内を見せる．
5. 値が一致したとき，このアイテムに対するプロセスは終わり，共通の見積り値が記録される（このステップで，選ばれた数値が大きくばらつくことは重要である）．
6. 数値が一致しない場合，議論が開始される．各メンバーが彼・彼女の選択を主張する．議論で得られた情報を基に，ステップ3からやり直す．
7. プロセスが共通の値に向けて収束しないときには，参加者はプロセスをやめて他に何をするべきか議論する．例えば，もっと情報を取得する，見積りを後日に延期する，といったことが挙げられる．

コーンは以下のように記載している[25]．

プランニングポーカーで見積りを行うチームは，常に，過去に使ったどんな手法よりも正確な見積りに到達すると報告する．

しかしながら，実際の報告を引用していない．私の経験は，個人的なもので，報告の裏付けもないが，スリルに富むものでもない．私が見てきた問題は，多数派の圧力である．仮に，あなたが何かの専門家であり，グループの他のメンバーと乖離した見積り値を出したとすると，横柄にならずに長い間議論するのは難しい．グループの調和を保つためには（少なくとも，あなたがそのアイテムを実装するタスクをやらないと分かれば），あきらめるほうへ導かれるのは自然だ．この結果は，プロジェクトに危害を加える可能性がある．専門家がタスクの本当の難しさを分かっているのに，そうした仕事の経験がなく，その仕事を簡単と思っているグループの他のメンバーに，その難しさを確信させられないときには特に危害を加える可能性がある．

6.5 オンサイト顧客

ここまで見てきたように，すべてのアジャイル開発は，顧客または顧客の代表をプロジェクトに関与させることを推奨している．XP では，特に「アクティブな顧客」という表現があり，これは組み込まれた顧客 (embedded customer) とも呼ばれる．前の章で，ここで述べる役割と同様の，顧客とプロダクトオーナーについて述べたため，ここで述べるプラクティスは確認となる．

6.6 オープンスペース

アジャイル開発は，働く場所の物理的な構成についても，考慮すべき重要な点としている．多くの開発チームでは伝統的に（少なくとも米国では），リーダーとなる人は個室を，その他の人は，パーティションで仕切られた半個室を利用している（現地の労働法に矛盾する特殊な形状であるため，半個室はヨーロッパでは普及していない．国によっては，すべての労働者に日の光が当たるようにしなければいけない）．

締め切られたオフィスや半個室はアジャイル開発にとっては受け入れがたいものである．コミュニケーションの核という理由で，開発者はオープンスペースで仕事をするべきとされている．典型的な奨励は以下のようなものである [80]．

第6章　管理者のプラクティス

オープンな作業環境を利用しなさい．そのような環境は，人々が簡単にコミュニケーションが取れて，自己組織化を行うのを手助けしてくれる．チームがどのように実行するべきかをすぐに伝えることもできる．沈黙は常に悪いサインで，会話があれば協調できていると分かる．私が半個室の環境にいたとき，しばしば相互作用がないことを示す沈黙があった．半個室は，現代の働く場所としては本当に致命的で，人々を分離し，チームを分裂させる．

アジャイルでは，以下レイアウト推奨する．

- 開発エリアが大部屋である．
- 開発者はお互いに遠くない机に座る．そのチームがペアプログラミングを実践していれば，各デスクに2人の開発者が座っている．どんな場合でも近隣の席からの会話が聞こえて，自然とその会話に入っている．
- 壁は，技術的な議論を手助けするために，ホワイトボードになっている．
- 静かな会議室は，技術的なミーティングのために利用できる．

私の経験によれば，多くの開発者は，プログラマーが内向的なオタクという固定概念と矛盾するものの，この手の配置を好む．とはいえ，全員というわけではない．ノイズを削減するヘッドフォンを付けたプラクティスをよく見る．アジャイルの著者には，コックバーンの用語でいう沈黙のコーン [20] のように，時には隔離も必要であると認識している人もいる．

基本となるアイデアは健全である．アジャイル的な観点からは半個室が批判の対象になるのは妥当であり，コックバーンの例に従って，原理主義に陥らないのであれば，良い考えだろう．オープンスペースは，万人向けのソリューションでもないし，いつでも使えるソリューションでもない．「沈黙は常に悪い兆候である」というケン・シュエイバーの言葉を真面目に取り上げる必要はない．

ソフトウェア開発は，チャレンジングな知的活動である．コミュニケーション，協調，相互作用，会話を必要とする工学的な部分と，数学と多くの点で類似している研究的な部分がある．話す時間もあれば，集中する時間もある．考えを他の人に話すことや，ペアプログラミングで最もよく考えられる人もいれば，ナポレオンのように歩いているときに最もよく考えられる人もいるし，しばらくの間，世界から自身を隔離して考えるのがよい人もいる．多くの人は，様々なモデルを使い分けて考えているのである．

内気で，ミーティングではずっと黙っていた内向的なプログラマーが，ある朝，完璧に設計され実装されたサブシステムを持ってくるといったことはありうるのである．そして，それは，会話だけでは決して作れなかったようなサブシステムである．人はそれぞれ異なるということを受け入れ，単一の方法を強制しないということは，プログラマーに対して払うべき敬意なのである．実際，クリスタルでは強く推奨されている．確かに，優しくもの静かな天才を，たまに多くコミュニケーションをとるなどして，少しずつ変えることはできる．ただし，どんな犠牲を払ってでも，コミュニケーションを彼に強いるような嫌がらせをすると，彼はすぐに，より融通の利く環境で働くようになるだろう．

ところで，優しく変えることは，双方に対して適用されるべきかもしれない．絶え間なくおしゃべりする人は，アジャイルソフトウェア開発宣言が掲げている「インタラクションを尊重する」というアジャイルの理想を満たしているかもしれないが，プロジェクトの進捗にとっては深刻な障害になるかもしれない．話をするのをやめるように奨励するようになったり，その変更のために何か必要になるかもしれない．

もし沈黙が，「常に悪いもの」である場合，その反対の状況はどうだろうか．すべての人がずっとしゃべっているような作業環境である．健全な環境は，私の意見では，人々が話しているときもあれば，静かに読んだり，書いたり，考えているときもある．開発場所では，天井を凝視しているプログラマーを見ることがある．無能なマネージャーは，プログラマーが会社の金を無駄にしているという結論に飛躍する．

柔軟さは，開発者の個人的な性質からだけでなく，抱えているタスクの性質からも必要とされる．要件定義では多くのインタラクション（ここにおいても，情報を分類したり抽象化するための考える時間は不可欠），設計や実装では多くの考える時間（ここにおいても，アジャイル開発によって推奨されているようにコミュニケーションは不可欠）が必要となる．

これらは，オープンスペースはよく機能するという，アジャイルの見解の本質的な健全性には影響しない．ただ，アイデアを定説とするのはいけない．プロジェクト期間中には，人，環境，時間によって異なるソリューションが必要となる．

6.7 プロセスミニチュア

アジャイルのトレーニングは，よくコックバーンが「プロセスミニチュア」[21]と呼ぶ技

術を使う．提案されるソフトウェアプロセスになれるために，それをソフトウェアではないタスクに少しの期間（1日，1時間，さらに短い時間）適用してみる．例えば，スクラムのチュートリアルセッションにおいて，スクラムの役割，原則，プラクティスを適用して，参加者に紙飛行機を設計させる有名な方法である．飛行機を飛ばすことは非常に面白い．

プロセスミニチュアは，利用してみなければ抽象的にしか現れない技術を可視化したり，自己組織化されたチームにおけるグループのインタラクションを理解するのに良い方法となる可能性がある．ただ，それが単にシミュレーションであることを忘れてはいけない．最も困難な技術的，人間的な課題は，本当のプロジェクトの最中にしか現れない．紙飛行機を作るのと，飛行機を作るのは全く違う．

6.8　イテレーションの計画

アジャイルプラクティスの多くが定期ミーティングを利用する．既にデイリーミーティングについては理解したが，他にもあり，特にスクラムによって体系化されている．

イテレーション（スクラムであればスプリント）の開始時に，イテレーションを計画するためのミーティングを持つべきとされている．そのミーティングは3つの主たる成果物を生成するべきである．

1. イテレーションのゴール．チームがそのイテレーションで達成すべきことを簡潔に説明したもので，一つもしくは二つの文章であり，ステークホルダーが容易に理解できる内容である．コンパイラのプロジェクトでの典型的な例は，「新たな関数型言語の拡張を実装する」である．
2. イテレーションのバックログ：実装すべきタスクのリストこれは，チームの内部的な利益のためにある．
3. 各タスクの受け入れ基準のリスト．

これらのゴールには明確にないものとして，個々のチームメンバーへのタスクのアサインがある．これは，横断的な機能のルールに従って「最後の一瞬」に行われる．また，テストのタスクもない．テストはユーザストーリーの実装の一部として絶え間なく実行されており，分離したアクティビティとはならない．

ミーティングは第一にチームとプロダクトオーナーのために予定される．チームが割り当てられた時間でバックログの実装に責任を持つようになり，結果はそれに対するコミットメントを表す．通常，オブザーバの参加は認めない．

タスク（上の2の成果物）の定義は，2つのプロセスである．プロダクト全体のためのバックログからユーザストーリーを選択するプロセス，それをタスクに分解するプロセスである．

このプロセスには，個々のタスクのコストを見積もる必要がある．ここでは，前の章で述べたような，プランニングゲームやプランニングポーカーのような技術が利用される．チームは，自身が実装するべきタスクを見積もる立場にいるので，見積りが実施されている間，プロダクトオーナーにミーティングから外れてもらうこともしばしばある．意見が不一致の場合には，プロセスを繰り返して利用することになるかもしれない．

際限のない議論を避けるため，ミーティングには時間の制限がある．一般的には1日（8時間）であるが，時には2つに分けて行い，片方ではユーザストーリーを選択し，もう片方ではユーザストーリーをタスクに分割する．

6.9　レビューミーティング

スプリントの最後にあるレビューミーティングは，最初に行われた計画ミーティングを反映する．その目的は，何が実際になされたかを評価することである．

ミーティングにおいて，開発チームは部外者のステークホルダーに，スクラムでは具体的にはプロダクトオーナーに，スプリントの結果を説明する[4]．何を達成したのかが議論され，元々の目標や，コスト見積り，受け入れ基準については議論されない．

そのようなレビューミーティングは，プロセスではなく結果に着目している．スプリントの終わりは，何を実施したかではなく，どのようにそれが実施されたかを考えるよい機会でもある．スクラムでは，その目的で別のミーティングを準備している，振り返りミーティングである．

---

[4]（訳注）スクラムにおいてプロダクトオーナーは常に進捗を確認することが望ましく，スプリントレビューの主たる目的は，ステークホルダーからのフィードバックを得ることである．

6.10　振り返りミーティング

スプリントの振り返りミーティングでは，直近のスプリントでのうまくいった点，うまくいかなかった点を，次のスプリントで改善できることを明らかにするという視点でレビューする．目的は，CMMIのレベル5の"最適化"で見られることと似ている．それ自身で改善するように，フィードバックループを"プロセスに組み込む"（この言葉はアジャイル界では歓迎されないが）ことである．

レビューミーティングがプロダクトオーナー（スクラム以外であれば，顧客の視点を持つ他のステークホルダー）の出席を要するのに対し，振り返りミーティングは内向きなものなので，第一にチームやコーチ（スクラムマスター）を含めるべきである．プロダクトオーナーは出席してもしなくてもよい．

6.11　スクラム・オブ・スクラムズ

基本的なアジャイルの技術は小さなチーム，10名程度までを対象としている．より大きなプロジェクトには，どうやってスケールアップするのか？という疑問がある．スクラムの回答は，勉強する価値がある．それは，スクラム・オブ・スクラムズとして知られている [78]．

「デイリースクラムは，複数の各チームから派遣されたメンバーから構成される」

ラーマンによれば，デイリーは頻度が高すぎるので，1週間に2回か3回で十分としている [52]．

スクラム・オブ・スクラムズを行う際のチャレンジは，調整である．2つの点で調整が必要となる．

- インタフェースの変更
- サブプロジェクト間の依存関係

定期ミーティングは最初の問題を解決する効果的な方法である．顧客のコードを利用できなくしてしまうようなAPIの変更がある際に，しっかりと共有されれば（可能であれ

ば，前もって議論されればよいが）深刻なトラブルの原因を避けることができる．
　2番目の問題に対して，私が見たことのある最も良いアジャイルの答えは，依存関係を避けるべき，ということである．ケン・シュエイバーは次のように述べている [78]．

> プロジェクトが正式に開始する前に，計画を立てる人は，依存関係を最小にするよう仕事を分解する．チームはそれから，プロジェクトのアーキテクチャの部分（個々に直交しており，依存関係は少ない）に対して仕事を開始する．ただし，この調整手法は，結合や依存関係がほとんどないような場合にしか有効でない．

　複雑さが「足し算」のときは，プロジェクトを直交するパートに分割することが機能するのは，全くそのとおりである．しかし，当然のことながら，大きなプロジェクトは通常大きく，すなわち，「掛け算」的に複雑なので，依存関係も扱いにくい．アジャイルの文献は，スクラム，XPや他の手法がスケールアップ可能と言っており，成功した大きなプロジェクトも挙げているが，問題にどのように取り組むかはほとんどアドバイスしていない．文献で述べられているように，アジャイル開発は主に，数人の開発者で構成されるような小さなグループによるプロジェクトを対象にしている [5]．

6.12　コードの共同所有

　マネジメントに関するアジャイルのプラクティスの最後として，ここまでの章で述べた原則ほどは重要ではなく，一般的に適用できるものでもないが，原則として分類してもよいアジャイルの規定について述べよう．
　多くのプロジェクトでは，ソフトウェアモジュールやサブシステムは特定の人間の責任の下に管理されている．Microsoft のチームでは，典型的なコメントがある．「もしその API について変更を望むなら，リズがそのコードを管理しているので，彼女を説得しなければならない」．彼女は，それを，知的財産として所有するのではなく，変更を受け入れるか否かを決定する技術の権威として所有する．コードの所有は商業的なソフトウェアに限られるものではなく，多くのオープンソースのプロジェクト，例えば，Mozilla でもまた，同様なモデルを実施している．そこでは，次のように言われる [5]．

---

[5] （訳注）大規模向けのアジャイルのフレームワークとして，LeSS, SaFE, Nexus などが提案されている．

そのモジュールにコードを追加するためには，モジュールオーナーの了承を得る必要がある．その代わり，モジュールオーナーがその内容に注意を払い，送信されたパッチへの対応を行い，開発されたコードへの謝意を示すことを期待する．

6.12.1 コードの所有権に関する議論

個人でのコード所有は明確な利点がある．担当している人は，ソフトウェアの整合性と，その完全性を保証することに責任を持つであろう．ソフトウェアシステムの進化における最も悪質なリスクの一つは，向こう見ずな拡張（さまざまな特徴をあれもこれもと盛り込むこと）による，全体的な劣化である．責任を明確にしておくことは，これを避ける良い助けになる．

個人のコード所有には否定的な意見もあり，アジャイル推進者や特に XP の提案者らによって，小国が乱立したシステムになると指摘されている．システムの各部分に精通した人が集中すると，コードの各部分が小さい領地を持っている事態になり，その人がいなくなると深刻なリスクがある．また，特定の要素のオーナー（まだチームのメンバーであるが）が，他人が変更を必要とするときや質問したいときに，不在であったり，変更に同意しなかったりすることで，変更しにくくなってしまう．

XP は集団でのコードの所有を推奨している [92]．

> チームの誰もが，いかなるときでも，システムのどの部分をも改善することができる．もし，システムが壊れ，いまやっていることにその修復が含まれていなかったとしても，進んで修復するのである．

この文章は，実際は，同じ本の最初のバージョンに記載されていたものよりも，少し変えられていて，最初のバージョンでは，「誰もが，どんなコードのどんな部分にも価値を加える機会を見つけた場合には，いつでもその価値を加えることが求められる」とされていた [15]．

双方のバージョンともに，驚くべきことに XP の核となるプラクティス，ペアプログラミング（次の章で述べる）については触れていない．Cockerburn によって説明されているように，XP の実際の適用時には，ペアプログラミングは，混乱状態を調節する [21]．

XP は強固な所有権のモデルを持っている．「一緒に座って，変更に同意した二人

> は，システムのどのラインのコードも変更できる」

この制約は，コードの共同所有を，現実的なものにするために必要な最低限のものだろう．有能で，自己組織化された組織においても，少なくとも第2の目の関与なしに，任意の変更を許容することは危険である．全員で変更できるというポリシーは，Wikipediaでは，成功したかもしれない．しかし，その成功は，何百万もの編集者や何千もの管理者のような注意深いコミュニティのような安全策があるときや，概して重要でない結果に対するものである．ダルース[6]のエントリーの人口の図にミスタイプがあり，それに気づくまでに数時間かかったとしても，惨事にはならない．プログラムのバグは，容易ならぬことである．

クリスタルは，より穏やかな考え方をとる．

> 私が知っているクリスタルのプロジェクトの多くでは，「変更してもよい．ただし，知らせてほしい」というポリシーを採用している．

個人所有，共同所有，中間のソリューションといった，ありうるポリシーを評価する際には，正確さを維持することだけが問題でないことに注意してほしい．アジャイル開発では，回帰テストスイートを定期的に実施する必要がある．たとえ，誰でも変えてよいポリシーの結果，コードを完全に理解していない人が，コードをめちゃくちゃにしてしまったとしても，問題がすぐに見つかるよい機会があるのである．より深刻な問題は，コックバーンが書いているように，コードの劣化である．

> もしすべての人が，どんなクラスに対してもコードを追加できる場合，誰も増殖していくその乱雑なクラスから他の誰かのコードを取り除きたがらない．その結果は，複数人のルームメートで共有する冷蔵庫のようなものだ．誰もが捨てるべきであると知っていながら，いよいよ臭いを増すものでいっぱいになっている．しかし，だれも実際には捨てないのである．

もちろん，コードの所有よりも重要な問いは変更管理である．近代的な変更管理ツールでは，特定のルールを自動的に施行するのを可能にする．例えば，少なくとも1名の承認がなければ変更をコミットすることができないといったルールを適用することができる．

---

[6] （訳注）米国の地方都市．

Googleはそのようなルールを持っている．しっかりしたバージョンには，コミットする前にレビューを必要とするものである．これはRTC (Review Then Commit) として知られており，アパッチの初期のポリシーであった．

1998年に，あまりに制約となりすぎるという不満から，アパッチは，CTR(Commit Then Review) オプションを導入した．これは，あまり発動されることはないが，プログラマーを警戒し，承認されたコミッターから拒絶される可能性があるという形で，軽減したものである．

すべてのプロジェクトは，変更管理の基本的な問題に対してポリシーを定めるべきで，自由度が高いと，コードが腐敗したりバグが増え，制限しすぎると，融通の利かないプロセスになる．コード所有の決定は，この基本的なポリシーに従うべきで，会社やオープンソースプロジェクトの文化にも依存する．繰り返しになるが，本章でXPに関して議論したように，単一のポリシーをすべての人に適用しようとすると，客観的に分析から問題が見つかるだろう．

6.12.2　コードの共同所有と機能横断的

誰もが変更できるようにするという示唆は，他のアジャイルのプラクティスを考えると驚きは少ない．例えば，次のタスクは次に手が空く開発者にアサインするというプラクティスがある．このようなアプローチは，開発者の誰を使っても変わりないときで，誰もが何でもできるときにしか有効でない．これは，機能横断的なチームというアジャイルの前提であり，開発者はプロジェクトについてジェネラリストであって，狭い領域の専門家ではない．

機能横断的であることに関する議論は，個人のコード所有に対する議論とその多くは同じである．専門性を高めることには，彼ら以外手出しができない領域が生まれてしまったり，彼らに依存しているにもかかわらず，プロジェクトが必要とするときに不在であったり，プロジェクトを離れていたりするリスクが伴う．一方で，複雑なプロジェクトは，特定の領域に，より高く特化した能力が求められる．そのような領域のタスクを，非専門家に依頼するのは非効率的である．仕事を失敗したくもないし，専門家をたびたび邪魔もしたくない．通常は，専門家が彼ら自身の仕事をできるようなったとき（手が空いたとき）まで待つのが生産的である．

アプリケーションドメインは，この議論において少なからぬ影響を持つ．機能横断チームの推奨といったアジャイルの議論を読むと，それらが，平凡な開発におけるコンサルタ

ントの経験に基づいているような印象を受けるときもある．より技術的な開発の領域では，専門性は避けられない．もしオペレーティングシステムを作っていて，次のタスクがメモリ管理スキームのアップデートを含んでおり，あなたはチームの誰にも聞かないと仮定する．あなたは，メモリー管理の構築にここ5年の人生を捧げた誰かが必要になる[7]．

---

[7]（訳注）スクラムにおいては，領域の専門家が実施する場合より効率は落ちたとしても，専門家と協調しながら，専門以外の領域を実施していくことで，チームとして成長することを期待している．その点，原著では，専門家との協調や，チームの成長という視点が抜けている．ただし，どちらが生産的かは議論の分かれるところであるかもしれない．

第 7 章

技術的なプラクティス

第 7 章 技術的なプラクティス

　前章で述べた管理的な側面のプラクティスよりも，アジャイルの原理原則はソフトウェア開発の技術的な側面が重要となる．本章ではアジャイルを実践する上で重要となる技術的なプラクティスについて見ていく．

　既にスクラムの影響が強いことに気づいているかもしれない．それに対して，以下で紹介するプラクティスの多くは XP に由来するものである．役割を分散することは理解できるが，スクラムはいくらか管理的な手法の色合いが強い．XP はプログラマーのためのプログラマーによって設計された手法である．

　本章で紹介するテクニックの数は多くない．実際，アジャイルの貢献の主要なものはプロジェクト管理の側面にあり，ソフトウェア固有の重要なアイデアはそれほど多くないのである．しかし，特に本章の最後で扱うテストファースト開発など重要な要素も存在する．そして，テストファースト開発は，ソフトウェア産業において根底をゆるがすような影響力を持っているのである．

7.1　デイリービルドと継続的インテグレーション

　ソフトウェアプロジェクトを**統合する**ということは，これまで開発してきたソフトウェアのコンポーネントを寄せ集めてきて，一つにコンパイルし，テスト（回帰スイート）を実行する，ということを指す．

　歴史的に見て，巨大なプロジェクトでは数週間，数か月といった長い反復サイクルがしばしば見受けられた．その期間の長さはともかく，ビッグバンアプローチと呼ばれるプロセスの性質は問題があるだろう．物理学のように序盤でなく，ソフトウェア開発の終盤にビッグバンが現れることを容認しているのである．従来のプロセスでは，プロジェクトの様々なメンバーやグループは，それぞれが独立して，開発サイクルを回し始め，自身の担当部分の作業に着手する．開発サイクルの最後に，すべてを寄せ集め（ビッグバン）たり，寄せ集めようとしたりするのである．一度でも試みたことがあれば予想できるだろうが，まさに予想どおり，そのような試みは血と涙に染まる．驚くほど早く仮説は崩れ，コンポーネント間の互換はなくなっていくのである．

　次に示すプログラミングのプラクティスにおけるツールと方法に関する 2 つ進化のおかげで，今日の改善された状況が成立しているのである．

7.1 デイリービルドと継続的インテグレーション

- 優れた「make」と（CVS，Subversion，Git に続く）バージョン管理システムといったツールから始めると，コンポーネントを組み立てる作業の一部を自動化でき，手の付けられない非常に多くの災厄をもたらしてきた設定エラーを避けることができる．例えば，最新のモジュール A と，互換性のない先月のモジュール B を組み合わせたりしてしまっていたのである．統合には，テストの実行も含むので，後で本章で議論するテスト自動化ツールも非常に役に立つ．
- ソフトウェプロジェクトは次第に短いサイクルで統合するようになってきた．数か月，数週間ではなく，数日や数時間ということもある．

統合までの時間を短縮に向けた，最初の一歩としては，1980 年代に登場した Microsoft の名高い「デイリービルド」がまず思い当たるだろう．この概念は簡単で，業務の終わりに，開発者によって「コミットされた」（いわば，公式に投稿された）すべての変更を統合し，システムがビルドされるのである．システムはコンパイルされて，テストも実行される．Microsoft の管理者は次のように語っている [31]．

> 毎日ビルドすることはまるでこの世で最も苦痛なことのようだ．しかし，すぐにフィードバッグが得られるので，それはこの世で実は最も良いことだ．

デイリービルドの核となるルールは，時に瀬戸物屋ルールと呼ばれるものである．瀬戸物屋で商品を壊してしまったのであれば，弁償するだろう．ソフトウェア屋でシステムを壊してしまったのであれば，自分で直すのである．従来の Microsoft のプロセスでは，ソフトウェアを壊したということは，全体としてシステムをもはやコンパイルもリンクもできなっていることを意味していた．結果として，壊した人は不名誉の烙印を押される（5 ドル支払うとか羊の角をかぶるとか）．しかし，その前に，どれだけ遅くなろうと，問題を解決するまで，帰ることができないのである．このような指標は，アジャイルの原則である持続可能なペースとは折り合いが悪いが，しかし，すぐにチェックインして統合するという考え方は残っている．

システムをコンパイルしないのであれば，開発者にコードを修正するように望むことは，1980 年代において，画期的な方法であっただろう．しかし，現在，期待はもっと進んでおり，回帰テストもパスさせてしまいたいのである．ツールを使った新しい開発がこの進化を支えてきた．今日のツールには，自動プログラムビルドが備わっており，ソフトウェアモジュール間の依存関係を把握し，システムを構成するすべての要素をまとめ，回帰テス

トツールと同様に，自動的にテストスイート全体を実行し，失敗したテストを報告してくれるのである．

アジャイル，特にエクストリームプログラミング (XP) の原則，はデイリービルドのプラクティスを凌駕したものとなっている．XP は「継続的な統合」を推奨しているのである．ケント・ベックの規則は次のとおりである [92]．

2 時間以内に統合し，変更をテストせよ．

テストを強調していることに注意してほしい．アジャイルなチームも含めて，多くのチームはこの教訓に従ってはいないのである．デイリービルドは既に骨の折れるものになってしまっているのだ．さらに，統合には時間がかかるので，統合自体も負荷になってしまっている．ビルドとテストを手動で実行する必要がない新しいツールを利用していたとしても，そのプロセスが完了するのを待たなければならないのである．たとえ小さなシステムであっても，規模が大きくなるにつれて，テストの数は増え，その実行により時間が必要となってしまう．ケント・ベックは，プログラマーのペアにプロジェクトの長期的な課題について議論する機会を提供していると主張することで，この問題をやや強引に回避したのである．

ポッペンディーク夫妻の統合の頻度に関する助言は絶妙である．数分ごと，毎日，毎イテレーションと，いくつかの戦略を提示したのである．夫妻は，次のように述べている [57]．

いかなるときでも，すべてのコードを統合することは必ずしも実践的ではない．どの程度の頻度で統合し，テストするかは，バグを発見するために必要な時間に依存する．十分な頻度で統合しているということは，いかなるときであっても，バグを発見せずに，すぐに統合する能力があるということを示しているのである．

この観点は正しい．厳格な期間を設定するより，プロジェクトの中で分かったペースと，特に，妥当なレベルの品質水準を維持している根拠を提示することのほうが重要である．

ポッペンディーク夫妻の見解は，適切なプロセスと品質への注意を払うことで，統合をそれほど頻繁に行う必要はないという私自身の経験を裏付けている．例えば，1 週間くらいの期間で統合することでうまくいくはずなのである．重要なことは，チームが共に活動し，いつ変更を加え，その他の箇所にどのような影響を持っているのかについて常に留意することを学んでいることである．実際，開発プロセス全体を通して，変更をコミットす

る前には，開発者自身も回帰テストを実行していれば，統合テストが失敗するといったことは，まず起こらないのである．

周期的な更新があるにもかかわらず，ビッグバンアプローチを使っていたソフトウェアプロジェクトの管理の頃と比べて，有能なチームに適用される方法は，驚くほど変わったのである．アジャイル開発と，それが強調する頻繁な統合は，この有益な進化に貢献したのである．

7.2 ペアプログラミング

ペアプログラミングはXPの基礎の一つである．アジャイルという概念が大部分でXPと同等であった初期においては，アジャイル開発に対するすべての議論は，この物議を醸す考えに引き寄せられがちであった．それにより，重要な議論と，コードレビューといった従来の技術と比較した有効性の評価に関する数多くの実践的な研究が行われた．現在では，ペアプログラミングは時々実施される程度であり，注目の舞台からは遠ざかってしまい，他のアジャイルのプラクティスのほうがより重要視されるようになった．しかし，ペアプログラミングの信奉者によって，モブプログラミングのような新しい形も生まれている．

議論の大部分は，ペアプログラミングを，唯一で普遍的なプログラムの開発方法であるとして押しつける，XPの強い主張の結論であった．ケント・ベックは，次のように記している．[92]．

> すべての製品のプログラムは，一つのマシンに二人で座って記述しなさい

少し極端に言わせていただくと，産業が見出したアジャイルな指示の他の事例においては，「すべて」の開発にペアプログラミングを長期にわたって適用している会社はあまりない．しかし多くのプログラマーは，ペアプログラミングをいくらか取り入れることは有益であると分かっており，そして技術は普及するに値するのである．

7.2.1 ペアプログラミングの概念

ペアとなった2人のパートナーは，仕事中に密接に関わるべきである．一方がプログラムを書くためにキーボードを操作し，常に思考プロセスと不明瞭なところを声に出して表現し，そして他方はコメントし訂正する．対等なプロセスであるため，パートナーは定期

第 7 章　技術的なプラクティス

的に役割を交換する．互いに集中し，改善に関するブレインストーミングを行い，アイデアを整理し，お互いに説明できるようにし，相手が行き詰まったときには，主導権を取る効果が期待できる．

　ケント・ベックと，XP の著者たちは，親切にも，「パートナーが隣同士に心地よく座れるように，マシンを設定しなさい」と，実践的な助言を提供している．

　Beck と他の XP 筆者たちは「パートナーが隣同士で心地よく座れるようマシンを設置しなさい」「咳き込むときは口を閉じなさい」「きつい香水はやめなさい」などと，実践的な助言を提供している．

　　個人の衛生学を議論している他ソフトウェア工学の文献は聞いたことがない．ケント・ベックが XP で説明しているもう一つの特徴は，私の知るすべてのソフトウェアに関する書籍の中で，X 指定される（eXtream である）に最もふさわしいことである．「プログラマが未熟で，承認と性的興奮を区別できない場合」「異性の人と一緒に仕事すると性的感情が芽生える可能性があり」，そして，それは「チームの最たる関心事ではない」（関係する人たちにとっては最も関心があるかもしれないが，残念ながら，その文献では語られていない）．これはソフトウェアプロジェクトの実情であり，チームが重要視することである．「たとえお互いの気持ちが通じ合っていたとしても，それに対応することで，チームに損害を与えてしまうだろう」．どんな危機があるかを理解しているか確認するため，ケント・ベックの本では，「男性が女性にとって居心地が悪くなるほど近づいている」写真が，巧妙に次のページに続く形で提示されていた．妻には黙っておいてほしいのだが，震えながらこのページをめくった．ホッとする読者も，落胆する読者もいるだろうが，写真は健全なものである．写真には，年配の人が，しっかりと衣服を身につけ，後ろ姿で写っており，ちょうどよく 2 インチ離れて写っている．性的興奮のためでなく，挑戦的に洞察に富んだケント・ベック本を購入してみてほしい．これは，しかしながら，熱烈で，血色の良い，生々しい小説のための素材である．ハリウッドの関係者にも知ってほしいが，映画の脚本としても良いだろう．引用した文章に触発されて，マイ・**ペア**・レディや，カラマーゾフの**ペア**，フィフティ・シェイズ・オブ・**ペア**を執筆する著者の登場を非常に期待する．

　少し現実的な側面に話を戻すと，ペアプログラミングの概念を初めて聞いた人の多くの

反応は，二人の開発者に一つの仕事をしてもらうことは成果を半分にしてしまうというものである．この抗議に対して，XPの支持者は，二人のプログラマーが2倍以上できの良いソフトウェアを生産すれば，それは損失ではなく生産性を上げていると返答する．

この返答は正しい．結局のところ，ソフトウェア産業界での典型的な生産性の数値は，だいたい1人日20ソースコード行数である（ソースコード行数(SLOC)は皆が批判するが，皆使っている基準である）．20行のコードを書くのにかかる時間はたった数分程度なので，この分野で仕事をする人間にとっては常識であり，多くの研究によっても確認されているが，開発者は，特に書くべきコードについて**考えたり**，まず適切でないコードを**修正すること**に，ほとんどの時間を使っていることになる．もしペアプログラミングが本当に優れたプロセスであるならば，二人の開発者が共同で，40SLOC以上生産することも期待できるのである．そして，そのコード行が同等以上の品質であれば，プロジェクトにとってメリットが存在するのである．したがって，ペアプログラミングに対する些細な生産性の批判を，コストと利益の合理的な分析をしないで続けることはできないのである．

しかしながら，実証に基づく研究において，ペアプログラミングを支持する有力な結果も出せていないのである [69, 70]．従来技術である**コードレビュー**（プログラマーが共同検査プロセスに対して働きかける）や**PSP**と比べて評価した際に，ペアプログラミングも，全体的な生産性とコードの品質において，同様の結果しか得られていないようだ．ここで断定的に言えないのは，既存の研究で決定的なものはないが，一般的な傾向は明らかである．ここにブレイクスルーはないのだ．

7.2.2　ペアプログラミング vs メンタリング

産業界において，ペアプログラミングを適用するときに，しばしば犯される失敗は，若手プログラマーと，指導経験を積ませるために熟練のプログラマーを組ませ，ペアプログラミングを**メンタリング**のための技術として利用することである．メンタリングは有用な技術であるが，その主たる目的は教育であり，ソフトウェアの製造ではない．

プロセスの中で，ペアプログラミングに期待される効果と，若手教育の一石二鳥を狙う甘い考えの管理者は，失望してしまうだろう．これは，双方にとって良い結果とならない．若手の開発者は熟練の開発者の生産性を落としてしまうだろう．そして，熟練の開発者は，仕事の最も難しい部分に挑む手助けを得る代わりに，最も簡単な部分を繰り返し説明していることに気づくだろう．そして，指導を期待される側は，納期と期待される成果を考えて，本当に必要なことしか説明しないため，学ぶ側も多くを学ぶことはできないだろう．

最高の開発者をいらつかせる良い方法を探しているのであれば，おそらく開発から遠ざけることになってしまうだろうが，新人とペアを組ませてみるとよいだろう．

ペアプログラミングの着想は，**仲間**とのプログラミングである．おおよそ同水準の専門知識を持つ者からフィードバックを得るのである．メンタリングとは別のものである．どちらにも価値はあるが，それらを混同すると，どちらの利点も失ってしまう．本格的なプログラムを作るために歪曲されたメンタリングはうまく教育することができないだろう．教育するために歪曲されたペアプログラミングは期待される生産性と品質の利益を生み出さないだろう．

7.2.3 モブプログラミング

もっと楽しく実施することが目的であれば，二人に限る必要はない．ズイル (Zuill) や，XP の信奉者は，近年，モブプログラミングを導入した．この手法は「素晴らしい人たちが，同じ時間に，同じ空間で，同じコンピュータを使って，一つのことに取り組む」ものである．役割をこれ以上分ける必要はないが，あたかも単独の人であるかのように，チームで考え，プログラムを作成する．ちょうど，ドニゼッティ (Donizetti) の連隊の娘における大隊のような形である．

そのような提案は，どのように，アジャイルに取り組む人たちが，新しい着想があふれる研究室のような，ソフトウェア工学の世界で最も想像力に富むコミュニティになってきたかを物語っている（本書において，さらに分析を行うには，新しすぎるのだが，「Thrashing[1]」や「Anarchy[2]」，「No Estimates」なども調べてほしい）．新しいアイデアの中には，生き残るものもあれば，消えてしまうものもあるだろう．ペアプログラミングの運命，すなわち，ペアプログラミングを評価するには時期尚早である．

7.2.4 ペアプログラミング：評価

他のアジャイルの技術と同様に，ペアプログラミングを評価するためには，先に引用した「承認と性的興奮を区別できるくらいには成熟している」というケント・ベックの不滅の言葉を思い起こすとよい．よく考えて適用するのであれば，ペアプログラミングは明らかに有用である．多くの開発者は，特に担当する悩ましい部分を扱うために，同僚と一緒

---

[1] （訳注）センディル・ムッライナタン，エルダー・シャフィールの『いつも「時間」がないあなたに - 欠乏の行動経済学 -』を参照．

[2] （訳注）『ティール組織』を参照．

になってプログラムする機会を満喫する．基本的な技術，とりわけ，フィードバックを早急に得るために声に出して考えを述べる着想は，よく理解されており広く応用されている（私は，管理者として，開発者から「この問題について，誰々とペアプログラミングを行いたい」という意見をたびたび耳にする．そして，ペアプログラミングを実施することで，良い結果につながってきた）．

困惑することは，XPがソフトウェアを開発する唯一の技術であり，いついかなるときも適用されるべきであるという主張である．この主張は2つの理由から理解不能である．

まず，上述したとおり，実践的な根拠としては決定的な結論を得られていないためである．確かに，データが不足していることを口実として，新しい技術の導入を妨げることは存在する．アイデアが明らかに生産的であれば，多くの確実な証拠を待つ必要はない．しかし，かなりの量の実践的な根拠が存在しているにもかかわらず，ペアプログラミグの明確な優位性は示すことができていないのである．ペアプログラミングはある環境では良いかもしれない．しかし，もし，普遍的な解決策となるのであれば，研究結果からもそれが示されるはずなのである．科学的な根拠がないのであれば，世界的な動きというのは，理論ではなく，イデオロギーに基づいたものなのである．

二つ目の理由は，研究結果が多様である説明にあたるかもしれないが，人はそれぞれ異なるということである．プログラムを書く際に，他の誰かと交流することを望む素晴らしいプログラマーもたくさんいるが，それを望まないプログラマーもたくさんいるのである．後者の人たちは，邪魔されず深く考えたいのである．一般的なアジャイルの観点では，コミュニケーションは推奨されるべきで，孤独な日々や，静かな天才は追いやられてしまう．しかし，心配する必要はない．重要な場面において，平和で静かな孤独を必要とする極めて優れたプログラマーがチームにいたとしても，彼をチームから蹴り出したり，彼にとって拷問にかけるような方法で仕事を強要したりはしないのである．

必要なことは，自分たちの仕事を他の人たちに説明するということだけである．特に，非常に創造的で挑戦的な知性に訴える努力において，単一の仕事のやり方を押しつけることは非常に危険である．

リーナス・トーバルズ(Linus Torvalds)がLinuxを書いているとき，彼は，非常に巧妙だった．彼は自身のコードを見せることを厭わず，後に，数千の人々に開発に協力するよう頼んだのである．ビル・ジョイ(Bill Joy)のBerkley Unix，リチャード・ストールマン(Richard Stallman)とEmacs，ドナルド・クヌース(Donald Knuth)とTeXなど，多くの他の例も思い浮かぶだろう．ドナルド・クヌースにペアプログラミングをさせることは素

晴らしい．試してみるべきである．

> ペアプログラミングは他の誰かの嗜好に「共感を持ちすぎる」ことを意味することはない．コックバーンは，「サイドバイサイドでプログラミング」を提唱している．これは，二人が，それぞれのワークステーションで，互いのスクリーンが見えるくらい近くで，個別にプログラムを書くというものである [21]．この方法は，集中が必要なときには集中し，可能な限り邪魔をせず，そして，会話が必要なときには会話をするという古典的な運用方式に対しては，あまり適していないように思われる．

ペアプログラミングが唯一の正しい方法であるとこだわることについては，アジャイルの実践者にとっても，明らかに当惑することなのである．例えば，ラーマンは次のように述べている [52]．

> ペアプログラミングは XP のプラクティスでしかない．スクラムにおいて必須なものではない．

ペアプログラミングに傾倒することは，XP の厳しい制約をはるかに超えていると分かるため，1 文目は誇張されたものではあるが，スクラムにおいて，独善的にペアプログラミングを適用しようとしても受け入れられないのである．

ペアプログラミングを提案し，そのやり方を説明し，この技術を近年のプログラマーの重要な要素として追加したことが，XP の功績なのである．それを唯一の方法と確立しようとすることは不必要である．ペアプログラミングは有用なプラクティスの一つであると認識されながらも，学会に拒絶されてきたのである．

7.3　コーディング規約

アジャイル開発において，チームは品質向上に役立つ厳しいコーディング規約を遵守すべきと考えられている．XP の初版書籍において，ケント・ベックは次のように書き記している [15]．

> 複数の開発者が日に何度かパートナーを変え，常にお互いのコードをリファクタ

リングしながら，システムの様々な箇所を変更しているのであれば，コーディングに関するプラクティス集をそれぞれ持つことは，単純に実現することはできない．少しのプラクティスによって，チームの誰がどのコードを書いたか分からなくなる．

コーディング規約は特別新しいアイデアではない．まともなソフトウェア開発の会社はすべて，長期にわたり，正確なコーディングスタイルの規則を定義する必要があることが分かっている．重要なことは，上記の引用において，誰が書いたコードであるか判別できないことを保証するようなコーディング規約に対する論理的根拠は何もないということである．このアイデアも古く，「エゴのないプログラミング」という名の下に，1970年代に紹介されたものである．かつては，ディルバートの上司のような人が，プログラマーの創造性と個性を抑圧しようとするものとして批判されていた．そして，興味深いことに，完全に異なる理念の一部として再登場したのである．しかし，驚くことではない．コミュニケーションと協調を重要視するアジャイルの考え方はすべて素晴らしいが，偉大なプログラムは偉大なプログラマー（例えば，ケント・ベック）によって書かれたのである．Linuxにはトーバルズの，Berkely Unixにはジョイの，TeXにはクヌースの，xUnitにはケント・ベックとエリック・ガンマの印があるのである．そして，誰もそれに不満を漏らさないだろう．致命的に技術が不足したエンジニアを含むプロジェクトであっても，自然と最も難しい部分には，最も優秀なプログラマーを割り当てるものだ．

もちろん，特定の論理的根拠に同意するかしないかは，健全な形で，コーディング規約の適用を進められるかに影響を与える．

7.4 リファクタリング

事前設計を行う代わりに，アジャイルにおいては，連続するプログラムのバージョンに対して，常に批判的な態度を取り，設計上のコードの臭い（許容できない要素）を探し，修正していく．このプロセスは，リファクタリングとして知られるものである [61]．

7.4.1 リファクタリングの概念

コードの臭いの典型例は，重複である．同じ，または，ほとんど同じコードがプログラ

ム中の2箇所に存在することはいかなる場合も悪い．デバッグする際も2箇所になり，必要があり修正する際も2箇所になり，要求が増えた場合の変更も2箇所に実施しなければならないのである．

複製を修正する典型的な**リファクタリング**は，別のモジュールに共通部分をまとめることである．オブジェクト指向プログラムでは，重複するコードを，共通の抽象化を表す新しいクラスに移し，既存のクラスはそのクラスを継承すればよい．

この変更が，重複を除去する唯一の方法であるが，必ずしも適切であるわけではない[3]．プログラマは，コードの臭いを識別し，個々の場合に**リファクタリングパターン**が適用でき，それが望ましいかを確認して，リファクタリングを実施する．

リファクタリングにはそれほど重要ではないものもあるが，有用である．例えば，クラスの要素（メソッドやメンバ）の名称を，明確化や一貫性のために変更するような場合である．

近年のプログラミング環境は，リファクタリングの変更を自動で行うためのツールも提供されている．

すべての場合ではないが，プログラム変更のパターンから，リファクタリングパターンを抽出することもできる．そのためには，次の2つの条件を見たす必要がある．

- リファクタリングはプログラムの**意味を変更してはならない**．
- リファクタリングはコードやアーキテクチャの**品質を改善**しなければならない．

最初の条件は，プログラムはリファクタリング前後で，全く同じ挙動をすべきだということを意味している．リファクタリングは，バグ修正や機能を変更することではなく，ユーザインタフェースを改善するためでさえもない．これらの種類の変更も，もちろん必要なのであるが，リファクタリングはアーキテクチャの品質改善についてだけである．

この機能が不変であるという要求により，リファクタリングと，自動化の支援が必要となる．概念上，関数の名称を変更する程度の単純な変更でさえも，手動で実施した場合は，退屈ではなく，エラーの原因となりやすいのである．なぜなら，その関数定義における名称だけでなく，プログラム全体を通して，すべての呼び出しや，その他の利用においても変更しなければならないのである．言い換えれば，リファクタリングツールの優位性は，

---

[3] （訳注）訳者の経験から言うと，親クラスにまとめて継承するよりも，他のオブジェクトに移し，委譲により解決するほうが望ましいことが多い．

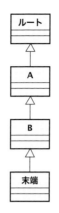

図 7.1 深く狭い継承階層の例

自動的に変更できることではなく，安全に変更できることなのである．

上記 2 つ目の条件を満たすことを保証するためには，コード，そしてより重要なことには，アーキテクチャの品質を定義しなければならない．これらに対して一つの定義を強制することはできないが，ソフトウェアの設計に関する文献では，多くの指標を提供してくれている．例えば，たった一つのメソッドだけが定義されたクラスや，深く狭い継承の階層（右図のようにルート以外のクラスはちょうど一つだけの親クラスを持ち，末端のクラス以外はちょうど一つだけ子クラスを持つ構造）は，潜在的な品質の悪さの兆候，すなわち，デザインの臭いである．通常は，「アンチパターン」という言葉でも知られているこのような低品質の例を指摘することは，高品質の定義の例を指摘するより容易である．

実際には，ケント・ベックは，リファクタリングは「設計をより単純に」しなければならないとして，より明確な条件を示している [92]．彼の**単純**に対する考えには，重複を排除し，クラス数を最小にし，メソッドの数を最小にするという意味も含まれている．

7.4.2 リファクタリングの利点と限界

リファクタリングの重要性に注目したことは，アジャイル開発，そして，特に XP の顕著な効果の一つである．リファクタリングは，近年のプログラマの主要な道具の一つとなっている．多くの他のアイデアと同様に，リファクタリングという技術を使うという文化を広めたことは，アジャイルの貢献であるが，リファクタリングという技術により，既存技術を置き換えるという認識を持たせてしまったことは，アジャイルの残念な影響である．アーキテクチャにとって，より良い改善を常に探求する習慣は素晴らしいものである．し

かし，リファクタリングは，「事前の設計」を不要とする理由とはならない．初期の設計に注意を払わず，単に「動作するであろう一番単純なシステム」を構築したとすれば，設計を何度も何度もやり直すはめになるだろう．なぜなら，たとえ動くとしても，初期のシステムは，変更の適用に耐えられないのである．ケント・ベックはその限界を次のように示している [15]．

> すべてのリファクタリグが数分で完了するとは限らない．非常に混みいった継承階層を構築してしまったと気づいた場合は，その構造を解きほぐすためには，1か月，集中して作業する必要があるかもしれない．しかし，リファクタリングのために1か月も費やすことはできない．目の前のイテレーションにおいても，ストーリーを実現しなければならない．
>
> 　少しずつ漸進的な変更で，そのような大きなリファクタリングをしなければならない．テストケースに対する作業の途中で，その大きなゴールに向けて一歩進む機会があるかもしれない．その際に，一歩進むのである．メソッドをここに移し，変数をそこへ移すといった作業をするのである．やがて，大きなリファクタリングの作業はすべて小さなものになるだろう．いずれ，大きなリファクタリングに残るすべては小さなタスクになる．そうすると，そのタスクは数分で終わるのである．

しかし，本当に「大きなリファクタリング」は，一般的に小さなリファクタリングの総和ではない．私が知るコンパイラのプロジェクトでは，チームはある時点において，主なパフォーマンスのオーバーヘッドの原因が明らかになった．コンパイラは，システムの構成要素（クラスとルーチン）を記録するためにコストのかかるデータ構造を使っていたのである．各構成要素を識別するために，オブジェクトではなく，整数を利用する再設計が考え出された．このシステムは，数千のクラスと，200万行以上のコードから構成される大きなものであった．そのため，システムの全域にわたって影響を与える，奇抜で，苦痛が伴う変更，つまり，皆が嫌がる外科的なリファクタリングが必要であった．そして，それによって得られたものは，速度の改善と，今後の開発のための安定した基礎であり，ユーザにとって目に見える新しい機能はなかったのである．このリファクタリングを実施すると決めたら，「小さな一歩」で進めることはできない．構成要素の識別に，整数を利用

している場所と，オブジェクトを利用する場所が混在することはできないのだ[4]．1か月，ひょっとするとそれ以上の期間，リファクタリングに集中し，機能を追加できないことを許容しなければならないのである．そして，その結果は，その苦労に見合わないこともあるかもしれない．しかし，実施すると決断したのであれば，全か無かなのである．

このケント・ベックの助言は，不当な一般化の例の一つである．少しずつ実施可能な大きなリファクタリングも存在する．ここを少し修正し，あそこをもう少し…そのようにしていくと，ある日，素晴らしい朝を迎え，「数分で終えられる」ような「小さなタスク」だけが残っているのである．より一貫性を保つためにクラスやメンバーの名前を変更し，いくつかのクラスの間の継承関係を部分的に整理し，クラスの属性（フィールド）をローカル変数にするようなものが，小さなタスクである．しかし，単純にこのような方法でリファクタリングできない場合もあるのである．

「動作するであろう最も単純なもの」から始めて，アーキテクチャを徐々に改善することにより，素晴らしいソフトウェアを生み出すことができるという信念を持つことはよいかもしれない．ただ，残念ながら先のケースはそのような状況ではなかったのである．昔から言われている GIGO(Garbage In, Garbage Out) という原則が当てはまるのである．本章で既に述べたことであるが，ゴミをリファクタリングしても，やはりゴミなのである．この見解は，決してリファクタリングを批判するものではない．リファクタリングがうまく機能するためには，次のことを満たしている必要があることを指摘しているにすぎない．

- 健全ではあるが，完璧ではないアーキテクチャに適用する
- 事前の設計と組み合わせて実施する

次の2つの項で，これら2点について詳しく述べよう．

7.4.3　偶発的な変化と本質的な変化

初期の設計によって，不完全なアーキテクチャになってしまうのは，偶発的な場合と，本質的な場合が存在する．偶発的な不完全さは，リファクタリングを通して修正していくことが可能であるが，本質的な不完全さは修正することはできない．一貫性のない命名規則は偶発的な不完全さであり，間違った抽象化の選択は本質的な不完全さである．先に述べたコンパイラの場合の問題も，本質的な不完全さであった．もう一つ一般的な例を紹介

---

[4]（訳注）リファクタリングの技術の一つとして，同等のことを実現する手法を別に作り，最後にすべて置き換える「二重橋」という手法は存在する．

第 7 章 技術的なプラクティス

しよう.

　社内の仕事といったような概念と，漠然と関連する概念を表すクラスの集合と，それらの種別のオブジェクトのリストがあったとしよう．プログラムを書いている際に，このリストのオブジェクトすべてに適用可能な新しい機能がいくつか必要であることに気づいた．例えば，リストの内容を出力したいといった機能であれば，「print」機能をすべてのクラスに対して追加する必要がある．次に，オブジェクトを圧縮して保存するために，「encode」操作を追加した．その次は，XML 形式の出力について追加した．

　機能的な変更があり，リファクタリングではないのであるが，これらの変更を既に実施してしまっているのである．しかし，将来的には同様のことがもっと発生すると感じ，既存のクラスの継続的な修正をやめるだろう．おそらく，一部のクラスは再利用可能なライブラリに移動され，自身の管理下ではなくなるため，継続的に修正していくことは不可能であろう．

　技術的な解決策はよく知られている．Visitor パターン [38, 63] を利用することである．このパターンは，任意の命令を任意のクラスのインスタンスへ適用することを可能にし，その操作はクラスそのものに実装する必要はなく，どこか別のところに定義することができる．この解決策を適用するためには，ある変更をすべてのクラスに実施しなければならない．それは，汎用的な VISITOR クラスを継承し，適切な update メソッドを提供する必要がある．一時的な解決策として追加したその場しのぎのコードを削除し，どこかへ移すべきである．長期的な柔軟性による利点は，短期的な苦痛に耐える価値があると判断するだろう．

　これは結構大きな変更である．1 か月かかるようなものではないにしても，関連するクラスの数と，アーキテクチャ上のその他の部分に対する影響によっては，少なくとも数日は要するだろう．裁量の結果を得るためには，一度に少しずつ実施するというのは望ましくない．リファクタリングと機能の実装を何度も切り換えていると，詳細を忘れて，不整合を引き起こしてしまうかもしれないのである．一度にやってしまうほうがよいのである．

　そのような状況になってしまうのを避ける方法は，注意深く事前に設計すること以外にはないのである．そうだとしても，いつも完全に事前に見通せるとは限らない．そのような事態になってしまったら，徹底した再設計が必要となるのである．XP やその他のアジャイル開発が推奨するような漸進的なリファクタリングのようなものでは，補うことはできない．

　偶発的な変更と本質的な変更の違いを理解することは，ソフトウェアの拡張性（変更可

能性）の問題を解決する上で重要であり，それにより，リファクタリングの限界も見えてくるのである．これらを区別することは，先に議論した加算的な複雑さと乗算的な複雑さの違いと関係している．一般的には，システムの他の部分にあまり影響のない機能，すなわち，加算的な要素に影響する変更は，偶発的なものである．乗算的な複雑さのような依存関係も存在し，その変更は本質的なものとなり，単純なリファクタリングでは対応ができないのである．

7.4.4 先天的と後天的な取組みの組合せ

アジャイルの支持者は二者択一の技術としてリファクタリングを提示するが，この本で見てきた多くの他のアジャイルのアイデアと同様に，技術を組み合わせて利用するのが一番よい．意図的にアジャイル実践者が反対するアイデア，つまり，事前の設計と組み合わせると，一番うまく機能するのである．

どんなにリファクタリングしたとしても，欠陥のあるアーキテクチャを修正することはできない．設計者の主要な責任は，アーキテクチャの骨格を提示する基礎的な抽象化を明確にすることである．それを正しく行ったとしても，やるべき仕事はまだたくさんある．しかし，それを誤れば，結局は，至るところから水が漏れ出てくる容器の穴を塞いだり，どんどん燃える炎を消化しようとしたり，絆創膏の上から絆創膏を張るといった事態になってしまう（他の比喩も考えてほしい）．

アーキテクチャが健全でない場合，どんな労力がかかろうと，作り直す以外選択の余地はない（「もし，いびつならば修正する」）．アーキテクチャが健全であっても，まだ森からは抜け出せていないだろう．なぜなら，おそらく完璧ではなく，修正していくにつれて，不完全さは至るところへ忍び込んでくる．ここには，リファクタリングが機能する．

アジャイル開発は，自身の仕事を批判する準備を怠ってはいけないと伝えており，設計やコードの臭いの可能性に警告を出し，識別し，その場の判断で修正し続けなければならないのである．

7.5 テストファーストとテスト駆動開発

本章で最後に扱う技術的プラクティスは，XPから始まり，アジャイル開発において強調されるテストの中心的な役割に対するやや極端な結論である．原則の議論において既に見

てきたこのアイデアは，TDD（テスト駆動開発）と，原理原則の議論で下見されたアイデアは，テスト駆動開発，略してTDDと，その派生である，テストファースト開発（簡便のためにここではTFDと呼ぶが，TDDという呼称のように広まったものではない）である．

7.5.1 テスト駆動開発(TDD)

TDDはテスト技術ではなく，完璧なソフトウェア開発手法である．ケント・ベックは，このアイデアをきちんと紹介した書籍の冒頭において，TDDを次の基本的なサイクルの繰り返しであると定義している．

TDDサイクル [16]

1. 素早くテストを追加
2. 全テストを実行し，新しいテストが失敗することを確認
3. 小さな変更を加える
4. 全テストを実行し，すべてのテストが成功することを確認
5. リファクタリングし，重複を除去する

この定義によれば，開発の最初においては，まだ空っぽのプロジェクトに対しても「テストを追加する」ということも意味している．つまり，このプロセスは次の4つのことも示唆している．

まず，対象とするプログラムの要素を書く前に，常にテストを書くことである．そこで止めるとTFD（テストファースト開発）となる．つまり，TFDはTDDの一つであり，基本的なTDDのサイクルのうち，手順の2, 4, 5を省略したものである．

2つ目は，プロセスは極めて漸進的であるということである．一度に一つの新しいテストを追加し，一つの新しい機能，または，以前は実装されていなかった一つの場合について処理をするのである．

手順5を除くと，純粋に行き当たりばったりのプロセスとなる．一つの入力値を処理し，他を追加して，それに対応してコードを更新していく．テスト対象の値ごとに一つの分岐を作ってしまい巨大な $if-then-else$ の塊ができてしまうかもしれない．もちろん，TDDはより賢く，手順5のリファクタリングが重要なのである．テストがパスした時点では，まだ，必ずしも幸せではない．アーキテクチャの品質を追求し，もし不十分であれば，次に進む前に修正するのである．つまり，ケント・ベックの言葉を借りれば，場合分けの処理を統一するのではなく，次々と条件を確認している場合は，十分に単純ではなく，品

質は不十分なのである.

4つ目の示唆は,既にアジャイルの原則の議論において扱った規則でもあり,基本的なサイクルの手順4として表現されているが,すべてのテストがパスするまでは,次に進まないということである.これは,リファクタリングとともに,行き当たりばったりに陥ってしまわないための,2つ目の秘訣である.

最新のテストを満たすためだけの軽率な変更を行うと,過去に書いたテストを壊し,回帰を引き起こすきっかけとなってしまう.すべてのテストは回帰テストスイートに含められ,各手順において完全に実行されなければならない.すべてのテストは常にパスしなければならないという規則を適用すれば,プロジェクトとともに回帰テストスイートも大きくなり,非常に大きな品質の保証をもたらしてくれる.

手順2の言い回しに最初は驚くかもしれない.なぜ,テストが失敗することを期待すべきなのだろうか.しかし,ソフトウェア開発手法としてTDDは一貫している.テストを書く前に新しい機能を実装することは禁止されているため,新しいテストはそれまでに実装された機能では,満たされているはずがないのである.それゆえ,失敗するはずである.最も明確な例は,プロセスの最初,つまり,一切のコードがない場合に発生する.プログラムが存在しなければ,どんなテストも失敗するのである.やがて,単に既に実装されたものにより充足されるため,新しいテストが成功することも原則的には可能性がある.しかし,厳密なTDDの観点からすれば,そのようなテストは,何も生み出さず,興味の対象ではない.

ところで,テストとは何であろう? TDDは,現代のテスト技術があってこそ,意味がある.数多くのテストを用意する仕組みが提供され,それぞれは入力と期待する出力によって規定され,そういったすべてのテスト(回帰テストスイート)が自動的に実行されるのである.このツールは「xUnit」という総称で知られている.xUnitは成果物の章において紹介したが,部分的にXPの流れをくむ人が開発したことは,驚くべきことではないだろう.入力と結果として期待される特性(オラクル)の両方を,満たすべき条件(アサーション)という形で,記述することができる.そして,このツールは数百から数千の詳細に定義されたテストを自動的に実行し,オラクルを評価できるのである.

7.5.2 TFDとTDDの評価

TFDとTDDの技術は,最先端のソフトウェア工学に重要な貢献をしてきた.その貢献については,後ほど,触れるとして,まずは,批判の対象となる側面から検討しよう.

第 7 章　技術的なプラクティス

　最も議論の余地あるものは，プログラムの仕様として必要なものはテストだけであるという仮定である．これは，TDD において，明確に述べられているわけではないが，手法全体の根底に流れている．これは非常に悪い．ユーザストーリーのようなシナリオは，一般的な仕様としては不十分である理由についての分析は，ここにも当てはまる．そして，テストはユーザストーリーよりももっと特化した内容であるため，実際問題として，ユーザストーリーよりも不適切なのである．欠けているのは抽象化である．以前にも言及したが，関数 f は，0，1，2，3，4 という整数に対して，0，1，4，9，16 という値を取ると規定することと，関数 $f(n)$ は，整数 n に対して n^2 であると言うことは異なるのである．

　テストスイートが大きく成長するにつれて，失敗するテストケースが珍しくなるというのは真実である．しかし，珍しいということは，存在しないということではなく，多くのソフトウェアのバグは，テストをすり抜けた特殊な場合なのである．仕様を書くということは，具体的な事象を抽象化し，汎用的な規則を探すということである．仕様からテストを生成する（この方向性としては，一連のソフトウェア検証に関する研究がある）ことは可能であるが，逆はできないということに着目してもらえば，この見解に納得してもらえるだろう．

　完全に異なる（そして，ほとんど正反対の）理由から，TDD に関する別の側面は疑問をもたらす．チームが新しい機能に進む前に，すべてのテストを通さなければならないということである．この原則の良い点と悪い点については，既に議論した．

　実際には，先ほど提示した一連の手順の繰り返しによる厳密な TDD のプロセスを適用する組織は，あまりない．実態としては，テストファースト開発であり，より特化して言えば，すべての新しいコードには，新しいテストを一緒に用意するというアイデアである．コードを記述する前にテストを書く（TFD の F）ということは，それほど，重要なものではない．考慮しなければいけないのは，絶対にテストのないコードを作成しないということである．

　このアイデアは広く採用されてきており，そして普遍的に採用されるべきである．これはアジャイル開発の主要な貢献の一つである．

第 8 章

アジャイルの成果物

第 8 章　アジャイルの成果物

　アジャイル開発では，プラクティスを支援する成果物が定義されている．「ストーリーカード」といった物理的なものもあれば，仮想的，つまり，純粋に概念的な性質なものもある．主に仮想的な成果物としては，コード，テスト，ユーザストーリー，ストーリーポイント，ベロシティ，完了の定義，プロダクトバックログがある．物理的な成果物としては，作業環境，ストーリーカード，タスク・ストーリーボード，バーンダウンチャートがある．そして，否定的なものであるが，避けるべき落とし穴として，アジャイルの議論において顕著な 5 つの成果物（それらの内 4 つは仮想的で 1 つは物理的）として，障害，技術的負債，無駄，依存関係，依存グラフについて，見ていこう．

8.1　コード

　コードはアジャイル全般の中心に位置するものである．特に，開発中システムの一部として実行可能な動作コードはそうである．
　コードを強調することにより，ソフトウェア工学における議論を，プロセスや計画から，ソフトウェアプロジェクトの成功に最も影響のある具体的な結果へ移そうとしているのである．

8.2　テスト

　コードと共にテストは，すべてのアジャイル開発によって支持されている主な成果物である．XP は，ソフトウェア工学の主要な概念としてテストを復帰させようとするものである．実際には，単体テストと回帰テストスイートという 2 種類の成果物（回帰テストスイートとは，単体テストの集合により構成される）が含まれる．
　単体テストは特定のテスト実行と期待される結果の記述である．単体テストのプロセスは，Java のための JUnit といった，いわゆる「xUnit」テストツールの登場によって大いに作り替えられた．前章で述べたとおり，XP の最も卓越した人物であるケント・ベックが（エリック・ガンマ (Erich Gamma) らと共に）これらツールの著者の一人であるということは偶然の一致ではない．xUnit を使った単体テストは，次のものを含むクラスとして定義する．

- テストを実行するルーチン（メソッド）
- テストを準備し，そのテスト環境を復元するルーチン．例えば，テスト前にデータベースへの接続を開き，その後データベースを元の状態に復元する必要があるだろう．
- アサーション．テストが成功する条件を定義する（「オラクル」としても知られている）．例えば，レンタカーのリクエストを処理する命令文を考えてみる．そのリクエストは受け入れ可能ならば，運転手の年齢を age 変数に設定し；その命令文に対するテストは，age が 18 以上かつ 75 以下であることを意味する is_accepted アサーションを含んでいるだろう．

テストを定義するこの標準化された仕組みは，特にアジャイル開発ではない多くのプロジェクトでも利用され，過去 20 年にわたるソフトウェア工学の最先端において意義のある発展の一つとなっている．

さらにより良い手法がある．コードとテストを別々の成果物として扱い，アサーションをテストに関連づける代わりに，アサーションを**仕様**の仕組みと見立て，クラスの不変条件やルーチンの事前・事後条件を，コードの一体部分として記述するのである．これは，Eiffel で使われる契約による設計 (Design by Contract, DbC)[62, 66] という手法である．それは，コードやアサーションから自動的にテストを生成することを可能にする．しかしながら，ここでは詳細に立ち入るのはやめておこう．

回帰テストスイートは単体テストの集合である．プロジェクトのある時点において，失敗する気づかされるテストを含んでいる．ソフトウェア開発のある現状は，古いバグは再度現れるということである（バージョン制御のエラー，不十分なバグ修正，同じ欠陥のある思考パターンを安直に使い続けることが原因である）．この現象は，回帰として知られる．回帰テストスイートの目的には，継続的インテグレーションの中で，継続してテストを実行するプラクティスを通して回帰を防ぐことも含まれる．

実際，以前失敗したテストだけに，回帰テストスイートを制限する必要はない．アジャイル開発（元は XP）の重要な貢献の一つは，コードのすべての要素は少なくとも 1 つのテストと関連づけられているということである．回帰テストスイートはそういったテストすべてを含んでいる．アンブラー (Ambler) はこう記している [12]．

> アジャイルの実践者は，TDD でなくとも，少なくとも回帰テストを行っている．

テスト駆動開発という非常に極端なアイデアは忌避するチームにとっても，継続的イン

テグレーションが典型的なアジャイルのプラクティスの一つであるように，回帰テストスイートは，典型的なアジャイルの成果物の一つである．

　回帰スイートはよく管理されたソフトウェアプロジェクトの鍵となる資産である．その魅力の一部は，それが真に漸増的なプロダクトであるということである．ここまで見てきたように，アジャイル開発によって支持される漸増主義は，ソフトウェア開発に適用した場合に，必ずしもうまく機能するわけではない．しかし，回帰スイートは自然と漸増的になるのである．小さいスイートから始まり，テストを書かずに機能を絶対に追加しないという規律に忠実であるならば，回帰テストスイートは，早急に育ち，プロジェクトの重要な資産となる．

8.3　ユーザストーリー

　ユーザストーリーはアジャイル開発における要求の基本単位である．ユーザストーリーは，ユーザによっての，システムに対する細かい粒度の機能の記述である．最も一般的な記法は，ヤコブソン (Jacobson) の有名な本の中で広範囲に開発されていた，ユースケース[47] である．ユースケースは大きくなり得る．それはすべてのインタラクションシナリオ，例えば E コマースサイトにおける賞品の注文処理，を記述する．ユーザストーリーはより小さい．

　ユーザストーリーを記述する標準的なスタイルは，アジャイル開発の中で成立してきた．そのスタイルでのユーザストーリーは，「ユーザの立場，ゴール，利益」の 3 つ組から構成される．例えば，次のようなものである．

　「スタッフメンバーとして（ユーザの立場），予約をキャンセルしたい（ゴール）．なぜなら，ポリシー例外のために合理的なリクエストを承諾するからだ（利益）」．

　プロジェクトによってはこの決まったスタイルを適用しているが，多くのバリエーションも存在する．

　システムの機能を記述するためのツールとしてユーザストーリーの最も重要な性質は，それぞれのストーリーがユーザの視点から機能の単体を記述することである．より正確に言うと，そのような「ユーザ」という人物はいないので，ユーザの特定のカテゴリの視点から記述するのである．「関係データベースから no-SQL ソリューションに変更する」と

いうことは，ユーザストーリーではない．そのようなアーキテクチャの変更を統合するためには，ユーザに見える利益を記述するユーザストーリーのタスクとしてそれを定義しなければならない．例えば，次のようになる．

「マーケティングマネージャーとして，市場機会により早くに反応できるように，既存のスキーマに適合する必要なく新しい顧客への提案を創出したい」．

開発の基本としてのユーザストーリーにおける利益は，既存コードをさらに開発する方法のために内側ではなく，顧客が本当に求めているもののために外側に，チームの目を向けるようにすることである．しかし，ここには大きな利点もあるが，手法の原則的な不備もまた存在するのである．その記述が示すユーザストーリーの大きさはあまり役に立たない．次の航空券予約システムに機能を追加する2つの例を考えてみよう．

1. 「航空会社の顧客として，予約の最初ではなく，最後に割引コードを入力したい．なぜなら，予約の最初に割引コードのことを忘れていても，もう一度，最初からやり直さなくていいようにしたいのである」．
2. 「航空会社の顧客として，航空券の購入と，マイルを使用した予約に，同一のインタフェースを利用したい．最初に予約か購入かを決めていなかったとしても，最初から手順を再実行しなくてすむようにしたいのである」．

ストーリー2は，航空券の購入とマイルの利用に異なるシステムを提供することによって，航空会社が「整合性」というリーンの規律に違反していた，と不満を訴えている．ポッペンディークによって伝えられた逸話に触発されている [56].

これら2つのストーリーは同じように見えるが，全く異なる複雑さを持っている．ストーリー1を実装することはおそらく，多くとも1日かかるルーチンタスクである．チケット購入とマイル利用のシステムが今のところ異なっているという（ポッペンディークの逸話のとおり）仮定すると，ストーリー2はそれらのシステムを統合する必要があり，多大な労力がかかるだろう．異なるユーザストーリーが実装労力について異なる量を必要とするということは当り前だが，次の章で議論されるように，「ストーリーポイント」でそれを見極める理由がある．ここでは全く別の種類である労力を話題としたい．一つは漸増的改善であり，もう一つは大きな外科的再構築である．ユーザストーリーのスタイルで両タスクを表現することは，性質の基本的な違いを分かりにくくする．ユーザの要求によ

り，プログラムの変更は問題なく正当化できるとしても，ストーリー2に該当する変更は一体何（アーキテクチャの再設計）なのかを特定することができれば効果的である．

　そういった視点の欠落は，壊れやすい設計と無用な作業につながる恐れがある．航空会社のプロジェクトの早期に，ユーザがマイルを利用する必要があるユーザストーリーを簡単に想像できる人がいたはずだ．これらストーリーは，別々のシステムとして実装され，そこに，新しいユーザストーリーが繰り返し追加される．そして，ある時点において，それは通常の予約システムと同じくらい複雑になり，その2つを統合すべきであると気づいた．重複と労力の無駄を避けるための適切な手法は，アーキテクチャの視点を持ち，早い段階で，例えば，購入と取消といった航空券予約の概念を網羅する**ドメインモデル**が必要であると気づくことである．どちらのシステムもドメインに依存しているだろう．この手法のためには，個々のユーザストーリーとそれらが示すシステムの外観を抽象化し，本質的な性質に基づき，まず，アーキテクチャ（特にドメインモデル）に注力する必要がある．多くの異なるユーザストーリー，初期に想定されるモデル，そして後に現れる多くの他の概念をも支援する．本質的な性質に（抽象化することの）代わりに集中することである．

　ところで，個々の詳細よりむしろ問題全体に目を向けることは，もう一つのリーンソフトウェア開発の規則「全体を最適化する」がまさに意味することである．しかし，ポッペンディークは，この規則がどのようにユーザストーリーにおける信頼が開発を導くために一致するか，何も示唆を与えていない．何もである．

　ユーザストーリーを最前線に持ってきたことは，大きなアジャイルの貢献である．それらは確かに役割を担っているが，アジャイル開発がそれらに割り当てるものではない．開発の基本として，それらは断続的なシステム，インフラへの十分な注目なしに一つひとつ機能を処理するために構築すること，につながる．正しい，インフラの作業は地味であり，アジャイルの取組みにおいて敬遠されている．なぜならば，それは直ちには新しいユーザに関する可視性をもたらさない．関係データベースをno-SQLソリューションで置き換えることは何も機能を追加しないが，システムのスケーラビリティにとって重大であるかもしれない．木データ構造をハッシュテーブルで置き換えることは何より専門的なことかもしれないが，一体，開発者は今週，何をしていたのかと勘ぐる性急な顧客を放っておきかねない．ここにユーザストーリーはない．けれども，プロジェクトにとって鍵となるステップである可能性がある．

　テスト，または100万のテストは仕様を置き換えることはできないという同じ方法において，ユーザストーリー（とユースケース）は要求や設計を置き換えることはできない．

それら特有の役割は，仕様に対するテストのそれのように，要求や設計に対する妥当性検証の機構としてである．より高次元の要求は，抽象化や普遍化の利点があるが，非実際性のリスクが伴う：ユーザにとって重要なケースを見落とす．ユーザストーリーを羅列することは，普遍的な要求を書くことの代わりにはならないが，忘れていることがないか確認するために重要なステップである．それらは，システムを記述するために十分ではないが，システムが成功するために必要な特定のウォークスルーを記述している．

私の同僚がかつて，手の込んでいて新しい，素晴らしい概念に満ちていて，オブジェクト指向であり，その他いろいろのコンピュータアーキテクチャについて助言を求められた．設計者による熱心なプレゼンをヒアリングした後の彼の最初のリアクションはこうである．非常に感銘的である，ありがとう，しかしデータの読み込みと保存はどうする？ 典型的なユーザストーリーがある．提案システムの検査として，それらはたいへん貴重である．システムを構築する方法として（だれが読み込みと保存の基本において新しいコンピュータアーキテクチャを工夫するのだろうか？），それらは不十分である．

先の例で記したことだが，ユーザストーリーはすべてのアプリケーションにとって重大となるタスクを損なう．特に，アジャイル開発がしばしば対象とするビジネスアプリケーションの類いにとって：ドメインモデルの構築．ドメインモデルは（オブジェクト指向の取組みを仮定すると），想定されるシステムの基本的な概念を網羅するフライトとマイル，従業員と給与，顧客とクレジットカード，段落とフォント，携帯電話とテキストメッセージといったクラスの集合である．それらクラスの間に，連想される命令と関係（継承，クライアント）を持っている．ドメインモデルは，データベースのアクセスやユーザインタフェースといったコンピュータだけの側面でなく，システムのビジネスの側面に着目されている．結果として，ドメインモデルを構築することは，ユーザの手が届く機能を提供しない．堅実なドメインモデルは，しかしながら，うまくいくシステム開発のための根幹を果たすだろう．あまりに良いことがありすぎる可能性がある．永久にドメインモデルをよく調整することと，ユーザが必要とする視覚的な機能を無視することの，リスクが存在する．これは，現実性の検査として，ユーザストーリーが役立つところである．前の章で導入された*二面開発*技術はここで，2つの方法のいずれかで取組みを混合することを可能にする役割を持つ．

- 逐一：堅牢な基本と確立するようにシステム構築の最初の段階でドメインモデルに優先度をつけ，次に，ユーザストーリーによって情報が与えられる，ユーザにとって目

に見える機能の定期的な配送における着目に移る．
- 並列：他の何かによって絶えず情報提供され，両側面において同時に作業する．

一方で，要求のソースとしてユーザストーリーに独占的に依存していることは，堅牢なシステムの設計のために十分でないことである．この狭い着目は，アジャイル開発の主な限界の一つである．

8.4　ストーリーポイント

成功するプロジェクトの管理のためには，イテレーションの前の労力の**見積り**と，イテレーションの最中と最後に進捗の**計測**の両方が必要である．計画ゲームトプランニングポーカーの議論の中で，見積りの技術を知った．いったんプロジェクトが始まると，実際に何が起きているのか測定することは，非常に重要である．

見積りであっても，測定であっても，チームには進捗の単位が必要となる．この章と次の成果物では基本的なアジャイルの成果物について扱う．

従来，ソフトウェア産業は人月（人日）で勘定してきた．この測定は，給与を準備しITコストを決定するために，人的資源と会計士にとってよいが，プロジェクトの効果を測定するメトリクスとしてはそれほど有用でない．費やしたことを超えて，達成したことを知りたい（「とても頑張って，とても長い時間をかけて勉強していた」からといって，成績が悪いことに文句を言う親をあしらわなければならない人は，この違いがよく分かるだろう）．

「ソースコード行数（LOC, SLOC）」はまだ広く使われている．それらは測定が容易だが，ほとんど好みの問題でしかない．それらの指標が開発した機能をうまく示すものだったとしても（議論を呼ぶ主張だが），構築中のシステムにおいて，今後のSLOC数を前もって見積もることは難しい．結果として，SLOCもまた，それらを評価するための堅牢な参照がないため，進捗を測定するためには不便なのである（プロジェクトにおいて，ここまでで8万5000行を生産したと分かってうれしい．でもそれは90％終わっているということ？　それとも50％，ひょっとして10％しか完了していないということ？）．

一般的により良い測定は，システムの個々の機能の数を見積もる**ファンクションポイント**である．しかし，ファンクションポイントもまた，事前に見積もることは難しい．近年のオブジェクト指向の技術を用いても，ここではデータの抽象化がまさに機能と同様に重

要であるが，ファンクションポイントがソフトウェア開発においていつも適切であるとは限らない．

アジャイルの世界では，進捗を測定する基本は，機能を特定する標準的な形式，つまり，ユーザストーリーに由来するだろう．しかしながら，ユーザストーリーは難しさで変化するので，ユーザストーリーの数を単純に数えられない．そのため，**ストーリーポイント**を使うのである．ストーリーポイントは，ユーザストーリーの難しさを見積もる単純な整数である．

単位は営業日であるが，他の手法を採用することも可能である．例えば，プロジェクトでは，最も簡単なユーザストーリーの難しさをストーリーポイントの単位として扱うことができる．すると他のすべてのストーリーを，その基準に対して相対的に評価することができる．コーンは次のように言っている [26]．

> この美しさは，ストーリーポイントで見積もることにより，期間の見積りと，労力の見積りを完全に分けることができるためである．もちろん，労力と期間は関係するが，それらを分けることで，それぞれを独立して見積もることができる．実際，もはやプロジェクトの期間を見積もる必要はない．計算するか推論できるのである．

（この引用において，コーンは見積りを強調しているが，事後の計測にも適用可能なのである．）

ストーリーポイントは3つの重要な性質を持っている．

- 最後の見解から分かるように，それらは**相対的な指針**であり，絶対的な時間値ではない．あるプロジェクトのためにストーリーポイントの見積りと測定を行ったとして，それらすべてを5倍しても，プロセスに大きな影響はない．しかしながら，次節で議論するが，ベロシティを定義し予測できるようにするために一貫性は保つべきである．
- 達成した結果の測定としては，**実装されたユーザストーリーだけのストーリーポイント**を集計することができる．完全に実装されていないユーザストーリーといった不完全な作業は数えない．この規則は「無駄」，すなわち，実際には納品されないいかなるものをも排除するというアジャイルの考え方と一致している．
- より普遍的に言うと，**いかなる納品されない成果物も進捗としては数え上げない**．例えば，書類や計画，要求，アジャイルの観点から無駄と一般に見なされるすべてを含

む．そのような成果物は，下記で議論するように完了の定義の明確な一部となる場合，考慮に入れられるかもしれない．テストは，当然無駄ではないが，ストーリーポイントにおいては数えられない．

ストーリーポイントは，アジャイルの成果物として，最近追加されたものである．初期のXPでは，理想的なプログラミング時間，フルタイムの仕事と気晴らしなしを仮定するストーリーを実装するために必要な日数，負荷要因によって重み付けされ，「典型的には4に対する2」とケント・ベックが言う実際の時間と理想的な時間の比率といった絶対的な時間を測定していた[15, 2]．見積りをでっち上げるために，現場では負荷係数をかけてを使っており，実際，明らかな誘惑があるという批判があった．2002年にXPは「純粋プログラマー週」に変更した．次に，正確な時間単位への参照を諦めることが有力になり，絶対的には何も意味しない無次元の数値が代わりに使われるようになった．この性質を強調するために，ストーリーポイントと同義語として，「グミベア」という単語が使われることもある．

プロジェクト内においては，ストーリーポイントには意味がある．なぜならば，それらは一貫性を持って測定しており，あるイテレーションと次のイテレーションを比較することができるようになる．また，コーンは以下のように述べている[26]．

> ストーリーの規模を定義するための公式はない．むしろ，ストーリーポイントでの見積りは，機能の開発，その開発の複雑さ，それ固有のリスクなどを含む労力を表すものである．

プランニングポーカー（先の変形であるプランニングゲームと同様）は，そのような見積りを得るために受け入れられたアジャイルの技術のうちの一つである．プランニングポーカーは，一連の整数からとられた値を使うことを覚えているだろうか．例えば，フィボナッチのような値 0, 1, 2, 3, 5, 8 である．そのようなプラクティスを用いて，1は最も小さい意義のあるユーザストーリーのコストを簡単に表し，他の値はすべて，それに相対的な大きさだと理解できる．この最小の単位を作業の2時間や半日に該当すると決められる．前のページにおけるコーンの引用に従えば，この対応関係のために正確な選択をすることは，見積りのプロセスでは重要ではない．

8.5 ベロシティ

　いったんユーザストーリーが個々のコスト見積りを与え反復が始まると，同じ測定が進捗を評価するために役立つ．ここで，ベロシティが役に立つ．

　この単語は，驚くべきことに，アジャイル以前のソフトウェア開発ではしばしば無視されていた極めて重要な要求を表している．プロジェクトの進捗の明確で，計測可能で，継続的な速度の見積りなのである．

　ソフトウェア開発の分野は，数週間後に「90％完了」になり，非常に長い間そこに留まっている冗談のようなプロジェクトがたくさんある．しかし，「どのくらいできている？」という質問は，管理者やステークホルダーにとっては妥当なものである．

　「ベロシティ」という専門用語は，通常の言語では，単なる速度と同義語である．速度とは，時間に対する前進の比率である．動く対象物にとって，移動距離 d と経過時間 t を用いて d/t と表せる．この性質は，アジャイルのプロジェクト管理でも適用され，分子（d）はストーリーポイントで計測されるが，分母，つまり，時間は明確に扱わない．なぜならば，時間の単位として，スクラムにおけるスプリントといった，イテレーションを使うのが一般的なのである．そのため，アジャイルの世界におけるベロシティは，現状のプロジェクトのイテレーションで達成されたストーリーポイントの合計を意味する．

　このように定義されたベロシティは，完了した作業の計測である．この概念は，絶対的よりむしろ相対的な値を選択する方が，より信用できる．特定のタスクが2時間，半日，まる1日，または2日かかるかどうかは，前もって知ることは難しいかもしれない．実際，ストーリーポイントの手法では，完璧に正確な時間に対して求めないように促し，代わりに，それぞれのタスクを比較することですべてのタスクの難しさを評価している．プロジェクトで一貫して，この方法を適用すると，相対的な予測（ストーリーポイント）はだんだんと正確な絶対値（期間）を与え始める．

　具体的には，2つの見積りが想定される．

- 最初のスプリントは30ストーリーポイントの作業を完了するだろう．
- 1ストーリーポイントはチームの1日の仕事に該当する．

1つ目のほうがより良いと思うかもしれないが，2つ目は大きくかけ離れるかもしれな

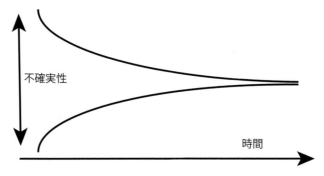

図 8.1　不確実性の円錐

い．いま，30日のスプリントにおいて，実際には，20ストーリーポイントを完了するように管理したと仮定する．さらに，このパターンは数スプリントにまたがって継続すると仮定しよう．ストーリーポイントに対する時間の比は，（早期のXP技術である"負荷要因"を思い出してほしい）期待される1の代わりに，だいたい1.5当りを行き来する．このパターンがしばらく安定し，ストーリーポイントを見積もる際に，チームがより良くなり続けているならば，対応（ストーリーポイントごとの時間）はいつか，より正確で信頼のおけるようなものになるだろう．これは，相対メトリクスの「美しさ」とコーンが上記の引用の言っていることである．

初期の大まかな予測の精度を改善するために，継続して洗練された測定を用いる．そのような技術は，元々，ベームによって紹介された「不確実性の円錐」と呼ばれる，一般的なソフトウェア工学の概念である [17, 59]．円錐は，あるプロジェクトの性質のために見積もられた範囲（と最後に測定された値）を定義する．時間が進みプロジェクトがより学んできたら，その範囲は小さくなるのである．

> 前述したように，たいていベロシティは全イテレーションを通して測定する．より詳細な粒度では有用となるだろう．昨日と今日の速度を比較することはあまり意味をなさないが，継続する期間単位ごとにベロシティを追跡することはプロジェクトに対する良い指針を与えるだろう．

ベロシティはアジャイル開発によって周知された最も興味深い概念のうちの一つである．根本的なメトリクスは，基本的な要求単位として，本章のはじめで述べた疑念のあるユーザストーリーの値でありが，ベロシティを追跡することによってプロジェクトの進捗を正確に記録しようとすることは，健全であり有用である．

8.6 完了の定義

　完了したストーリーポイントとして厳密に定義された進捗を反映することで，アジャイルでは，実際の機能の提供と，無駄を避けることが強調する．そのためには，タスクが実際に完了したかどうかを決定する厳格で一貫性のある基準を明確にし，適用する必要がある．スクラムにおいては，「完了の定義」として知られており，完了したということが何を意味するかを説明するものとなっている．

　完了の定義において，一貫性は特に重要である．ユーザストーリーの完了のために，対応するユーザマニュアルに記載することを含めても，含めなくてもよいが，すべてのユーザストーリーに対して，判断しなければならない．そうでなければ，公平に進捗を測定することはできないのである．

　ジェフ・サザーランドは完了の定義に次の例を引用している [8]．

- リリース可能である（最も簡単なもの）．
- 単体かつ統合テスト済みである．受け入れテストが準備されている．デモサーバ上に配備されている．
- 受け入れテスト済みである．リリースノートが書かれている．リリース可能である．技術的負債は増加していない．

　「技術的負債」については，以下で議論するが，正当化されていない今後の作業を引き起こすような，コードや設計の不備に対する複雑化させる要因が含まれる．

8.7 作業環境

　元々，XPでは，より速いコミュニケーションの方法として，「ブルペン」としても知られる，物理的な分離なく開けたスペースにプログラマーを集めることを推奨していた．ケント・ベックは次のように述べている [15]．

　　XPには，非常に広い開けたスペースが必要である．XPは共有に基づいたソフトウェア開発の規律なのである．チームメンバーは，お互いに見え，ちょっとし

第8章 アジャイルの成果物

た疑問の叫びが聞こえ，極めて重要な意味を持つ会話が自然と聞こえなければならないのである．

この考え方は他のアジャイルの取組みによって広く採用さてきており，この言葉において「XP」を「アジャイル開発」と置き換えても問題ない．

共有スペースは，必要な特にプライバシーを提供することを排除することは意味しない．また，レイアウトは，共有スペースの外あたりに「小さな整頓棚」（小さな個人領域）を含んでおり，ケント・ベックは次のように述べている．

チームメンバーはキュービクルに個人的な品物を保管でき，電話をかけに出かけられ，邪魔されたくないときはそこで過ごせる．他のメンバーは，キュービクルに座っている人の「仮想的な」プライバシーを尊重する必要がある．

コックバーンのクリスタルもまた，チームのメンバー間の「浸透性のコミュニケーション」を確かにするために，オフィスレイアウトとその貢献に対してかなりの注意を向けている．

実践的に，オフィスの編成はチームの効率に影響があることは周知のとおりだが（ピープルウェアはすでにもっともらしく議論されているように），プログラマーの快適さの役割を誇張すべきではない．結局は，最も成功したシリコンバレーのプロジェクトの多くは，駐車場で始まったのである．ここで，アジャイルの最も興味深い貢献は，チーム全員が働く場所として，レイアウトするオフィスを仮定していることである．だんだん，この仮定は保証されなくなっていくだろう．複数拠点にまたがって分散して実施するプロジェクトが増えていくだろう．

企業が分散開発モデルを採用するのには，良い理由と悪い理由が存在する．多くのアジャイル文献では，分散チームの場合に対して，基本的な適用のさせ方を提案しているが，一般的な価値はほとんど見受けられない．ここでの本当のアジャイルの貢献は，むしろ正反対なものである．直接のコミュニケーションの価値を重視することによって，アジャイル実践者たちは，1つの場所に皆がいることが非常に効果的であると強調している．例えば，複数拠点でのアジャイルの開発について，ラーマンは，最初の見解として次のように述べている [52]．

プロダクト開発のエキスパートであるドナルド・レイナーツェン (Don Reinertsen)

は，過去10年にわたり数千の人々から非公式に世論調査し，同一場所と分散開発の両方の対比経験を持つ現場グループが，後者（分散開発）を再度選択することは一度も見られなかった，と我々に語り，記した．

継続的に複数拠点での成功したプロダクト開発のプロジェクト（Effileソフトウェアの EiffelStudio）に10年間，関わっているが，動くソフトウェアを世界中の大学の学生たちが協力して構築するチューリッヒ工科大学での分散ソフトウェア工学のコースで教えているが，我々の経験からも，この主張を十分に確認することができる．我々のコースの最初の講義で最初の文章の一つは次のようなものである．

これは分散開発の基本的な規則である．分散開発をやってはいけない．

選択肢を持っているならばそうだが，選択肢がない場合もある．しかし，アジャイル実践者は，実現可能であれば，皆一つ屋根の下にいるモデルが，最上な方法であることを思い起こさせてくれる．

8.8 プロダクトバックログ，スプリントバックログ

ここまで見てきたように，個々の要求は，ユーザストーリーの形式で扱われている．では，全体としての「要求」とは何だろうか？（ソフトウェア工学では，「1つ要求」はシステムの一つ性質の記述を意味し，"複数の要求"は単に"1つの要求"の複数形でなくシステムの総合的な記述を表す）．アジャイルの取組みは，もちろん，従来の包括的な「要求仕様書」の作成は推奨されない．

そのような文書の代わりとして，ユーザストーリーやタスクを収集する．より正確にいうと，

- プロジェクトのユーザストーリー全体の集合が，**プロダクトバックログ**である．
- 特定のイテレーションに適用可能な集合は**イテレーションバックログ**，または，スクラムにおいては，**スプリントバックログ**である．ユーザストーリー（各ユーザストーリーはいくつかの基礎的なタスクに分けられる）に関連するタスクの集合である．

いくつかの他の要素を扱うこともあるかもしれない．コーンはバグと技術的作業，知識

獲得の例を挙げている．

「バックログ」という専門用語は，集合を扱っていることを強調している．スクラムに関連があるが，広く利用されているプラクティスとしては，それぞれユーザストーリーやタスクを，以下の3種類で管理することがある．

- 実装待ち
- 実装中
- 実装完了

チームによっては「検証待ち」という分類を追加するかもしれない．

バッグログを可視化することは有用である．次の3つの章の成果物は可視化のためのものである．

8.9　ストーリーカード，タスクカード

概念的なものから，有形のものへと移るとしよう．

要求単位としてユーザストーリーを体系的に使用するためには，その記載の形式の標準化が必要となる．物理的に管理する場合は「ストーリーカード」を使用する．それぞれこの典型的な例のように標準的なサイズのカードにユーザストーリーを記述する．

多くの人は紙に記載して行うが，その代わりとなる多数のソフトウェアが市場に出回っている．

8.10　タスクとストーリーのボード

ベロシティに絶えず注目を払い，つまり，可能な限り短い時間で，最良の顧客価値を提供するためには，完了したもの，進行中のもの，実装待ちのものを，チームが絶えず認識することが重要である．目に見えるリマインダにより，アジャイルの目的に，特に以下の点で役立つ．

- ユーザストーリーに関連するタスクを選択し，次に対応可能な開発者に割り当てる基

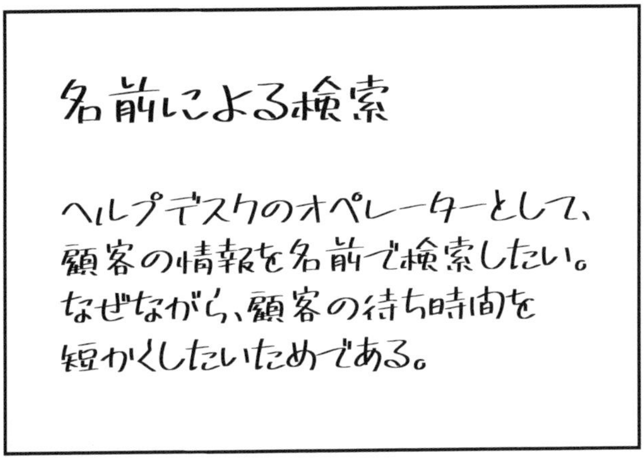

8.10 タスクとストーリーのボード

```
名前による検索

ヘルプデスクのオペレーターとして、
顧客の情報を名前で検索したい。
なぜながら、顧客の待ち時間を
短かくしたいためである。
```

図 8.2

本的な開発ステップを支援する
- ベロシティ（イテレーションごとで実行されたストーリーポイントの数）を追跡し続ける
- チームの士気を高める．開発者たちを励ます最良の方法の一つは，完了すべき状態から，完了させている状態，そして，完了するためのテスト中へと，タスクの進捗を明確に表示することである．
- 無駄を抑止する．提供する予定ではない機能の作業は表示しない．

　視覚的には，一般的に，ボードとなっており，ユーザストーリーの実現に関連するタスクの取りうる状態が列として存在する．状態としては，実装待ち，実装中，テスト中，完了などがある．最も一般的な方法としては，ホワイトボードと付箋を使って，選択し，処理されたタスクを左から右へ移動させていく．
　詳細においては，様々な形が存在し，テスト中と実装中をまとめることもある．
　製造管理の手法であるカンバンも同様のボードを使う．
　この物理的なものの代替となる多数のソフトウェアが利用可能である．特に分散したチームによって利用される．物理的に一拠点にいるチームにとっては，単純さと視覚的効果の点で，ホワイトボードと付箋を使うことに勝るものはない．
　タスクボードは，チームの注目を進捗とベロシティ向ける賢い方法である．特に，バーンダウンチャートによって補足すると効果的である．

第 8 章　アジャイルの成果物

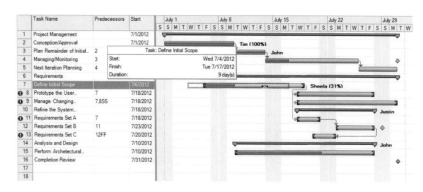

図 8.3　タスクボード

8.11　バーンダウン・バーンアップチャート

　バーンダウンチャートは，チームの進捗（ベロシティ）を視覚的に表現したものである．概要の章で紹介したこのアイデアは単純である．プロジェクトの時間に対して，現状のイテレーションの残っている作業単位の数をプロットする．一般的には，時間は作業日によって計測する．作業単位は，ストーリーポイントやその他にも妥当な測定も考えられる．曲線（図 8.4）は普通，次第に減少する．直線は，毎日遂行されるストーリーポイントを一定とした理想的な進捗を表現したものである．

　コックバーンは，クリスタルにおいて，残っている作業よりも完了したタスクを記録して，進捗を示す「バーンアップチャート」を使用する．

　すべてのバリエーションで共通するのは，それは次の 2 つを数えればよいということである．

- 提供可能な作業：コードとテストを含む．トレーニング資料やユーザマニュアルのようなその他の提供可能なものも含む．ただし，計画や設計といった内的役割だけを持つものは除外する．
- 完了した作業：コードにとっては十分にテストされたことを意味する．

　ここで再度，様々なツールは，図を保守し，表示を支援するソフトウェアの利用も可能である．

　バーンダウンチャートを使うことで，チームを皆が手が届く鮮明な形で，日々の進捗を

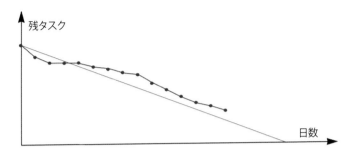

図 8.4 バーンダウンチャート

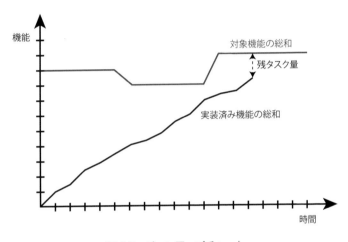

図 8.5 バーンアップチャート

追跡し続けることができる．バーンダウンチャートは，重要な実践的なアジャイルの貢献である．

8.12 障害

　スクラムにおいては，障害を取り除くことを常に意識し，スクラムマスターの主要な作業は障害を取り除くことである．第 5 章では，技術的であれ，組織的であれ，プロジェクトの進捗に損害を与えるすべてのものを障害と定義した．典型的な例としては，ワークステーションのような必要なハードウェアリソースが利用できないことや，プロジェクトに必須なモジュールを作成している他のチームの進捗の遅延や，プロジェクト外からの干渉

などがある.

　ベロシティという言葉を使うと，より単純に定義を与えることができる．障害とは，ベロシティを減速させるすべての要因である．

8.13　無駄・技術的負債・依存・依存チャート

　本章の最後で扱う成果物は，アジャイル開発の一部ではないが，避けるべき障害として，否定的な役割として，アジャイルの議論には登場するものである．

　無駄を避ける戦いは，リーンソフトウェア開発の中心に位置づけられるが，すべてのアジャイル開発における関心事でもある．無駄は，ただの成果物ではなく，物理的であれ仮想的であれ，顧客に提供されないものすべてを含むこととなる．設計文書は無駄であり，方向性が定まっていないミーティングも無駄である．コードとテストのみが，プロダクトとして価値のあるものとして考えるのであれば，常にアジャイルチームが戦っている無駄としては，様々な形のものが存在する．

　技術的負債は，船体につくフジツボのように，プロジェクトで蓄積される不十分な品質のコードを表している．それらはあまり目に付かないので最初は無視されるが，船全体，つまり，プロジェクト全体が停止してしまう事態にも発展しうる．技術的負債と戦うために，アジャイルが利用する主要な道具はリファクタリングである．コードと設計の臭いを識別し，取り除かなければならない．

　依存関係とは，タスクやユーザストーリーといった開発の要素間の制約のことである．Bを開発するためには，その前にAを完了させる必要があるといったことがあるだろう．コンパイラのプロジェクトでは，例えば，Bは「パーサの実装」で，Aは「語彙解析のインタフェースの特定」かもしれない．ビジネス価値によってタスクが優先順位付けられている状況において，依存関係は，機能横断的チームが，列挙されたタスクから次のタスクを選択し，作業可能な開発者に割り当てるというアジャイルノ基本的な手順の妨げとなる．Bは明らかにAに依存しているが，Aより高いビジネス価値を持っている場合，この仕組みを適用することができなくなってしまうのである．そのため，アジャイル開発では，標準的には依存関係を最小化するという方針に立っているが，これは，言うは易く行うは難しなのである．

　機能競合とは，システムの機能が互いにどのくらい複雑に関係しているかを表している．

機能競合の事実は，現実的には，依存関係を取り除くことができない理由の一つである．

作業のスケジューリングのポリシーに関するもう一つの障害は，開発者の制約の存在である．機能横断的チームを目指すことは賞賛に値するが，実際には，開発者は特殊なスキルや専門性を持っているのである．もし，次にビジネス上の価値が高いタスクが，チームの開発者の1人が突出して詳しいが，その開発者が別なタスクで忙しかった場合，その開発者が作業できるようになるまで，そのタスクの実施を延期する方が望ましいこともある．

無駄と技術的負債，依存関係は仮想的なものである．アジャイルにおいて否定される最後の要素は，純粋な仮想的な成果物でもあるが，物理的な表現を取ることもできるのである．それは，しばしば，アジャイルの実践者が特に軽蔑しがちな**ガントチャート**から得られる**依存関係図**の作成である．なお，ガントチャートは，それはMicrosoftのProjectのような管理ツールの基礎として提供される．従来手法で管理されたプロジェクトにおいて，このようなチャートとツールを使用する基本的なプロセスは単純である．

- タスク，見積り期間，依存関係を列挙する．
- タスクをこなせる人を列挙する．大抵，人数と稼動可能な時間を列挙することで十分である．
- 制約を充足し，実行可能なスケジュールと，タスクの割り当てを導出する．この手順においてツールが役に立つ．

典型的なアジャイルがガントチャートを批判することについて，コーンは次のように表現している [24]．

> アジャイルの計画の目的は，ガントチャートに基づいた，詳細なコマンド・アンド・コントロールではなく，管理者が評価し，頻繁に投資を調整し，出現，適用，協調が発生する理解の共通集合を整理し，計測される進捗の期待を確立し，投資の見通しを設定することである．

コマンド・アンド・コントロールに対する批判と，その代替として提案されたものの曖昧さに注意してほしい．

コックバーンは具体的に，次のように代替手法を提供している [21]．

> 組織は，作業生産の集合を簡単にする，または改善するために，「クリスタル」のアイデアのうちいくつかを採用するかもしれない（ガントチャートをEVM

第 8 章　アジャイルの成果物

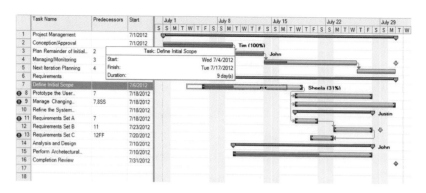

図 8.6　ガントチャート

(Earned Value Management) またはバーンアップチャートに置き換えることから始めてみるとよい．

（数ページ前に見られるような，バーンアップチャートは，バーンダウンチャートの変形である．だが図はより早期な，ソフトウェアに特化しない形式である．）バーンダウン・バーンアップチャートは進捗を追跡し計画に関してほとんど役に立たないので，この提案は驚きである．

　無駄に対して常に警戒すること，技術的負債を検知し正すこと，そして依存関係を最小化することは，すべて目標に値する．アジャイルの取組みが奇妙な展開のところでは，依存関係を基にする予定のためにガントチャートやツールを拒絶するときである．Microsoftのプロジェクトそのものが 21 世紀の最も優れたツールではなく，時代を表し使いづらいが，ここではおとりとしてのみ提示しておこう．効果的な方法で依存関係を管理するために，近年は多数のツールが存在し，それらの多くはクラウド上で利用可能である．いかなる複雑なプロジェクトにおいても依存関係は存在し，それらのうちいくつかは取るに足らないが，検出するのが遅すぎれば進捗を中断させるので，結果としてさらにいっそう重要になる．依存関係を最小化できるが（少なくとも書籍の上では，アジャイルの筆者らは認めているが），それらを排除できない．ガントチャートと同様の機構は，マネージャーが持つ近年のあらゆる手段において強力な工学ツールである．それらを放棄することは，既存関係は存在しないと思い上がることか（それらはまだ完了していない別の結果を必要とするので，それらはタスクを引き延ばすとき復讐するだろう），または，それらを手動で処理することを受け入れることであり，それはすべて結果として退屈でエラーのリスクとなる．

　ここで，アジャイルは機械化反対主義者に変わる．アジャイルプロジェクトの大半が直

194

面する問題に対処を支援する概念やツールを使うことからアジャイルプロジェクトを追い出す理由はない．タスクをスケジューリングすることは内的依存関係と対応している，ということを確かにする．すべてのプロジェクトのために，効果的な管理者はイデオロギーとつるはし，支援するすべてのツール，を軽視する．

第 9 章

アジャイル開発

第 9 章 アジャイル開発

　カンバンやリーンソフトウェア開発，XP，スクラムとクリスタルといったアジャイル開発とは，前章で紹介した，規律，プラクティス，役割や成果物といった特定の構成要素の組合せである．単なる組合せではなく，ソフトウェア開発の独特な視点から，合理的に構築されたものである．この章では，引用した4つの手法の主要な特徴について調査していこう．

　調査する手法は，それぞれの考案者による本の記述よって区別される．それぞれの場合で，手法と本の内容は関連しており，各書籍は筆者の強い個性と手法の魂が埋め込まれている．結果として，本章のそれぞれの手法の説明の中で，関連する基本的な言葉も簡単に考察している．

9.1　手法と方法論

背景にある概念を明確にするところから始めよう．

9.1.1　専門用語

　スクラムやXPは，「方法論」と呼ばれるものである．同様の意味の言葉として，「方法」という言葉もある．「方法論」には「方法の研究」という意味もあり，辞書的にも「方法論」とは，「方法」の組合せという意味であるため，本章では，より短く適切である「方法」という言葉を利用することとする．

　本章で「方法論」という言葉を使う場合には，「方法」を研究するという意味で「方法論」を使うこととする．ややこしい話になってきたと恐れる必要はない．このような議論はここまでとして，「メタ」な単語は扱わないので，安心してほしい．

9.1.2　キツネとハリネズミ

　各方法は，規律やプラクティスといった「たくさんの小さなアイデア」から構成される．それぞれの方法で，これらのアイデアが選択されるが，選択されたアイデアのリストだけでは，方法を定義するための情報としては不十分である．ここでの議論では，各手法の構成要素の背後にある「*1つの大きな思想*」を識別していこう．

　各方法についての節では，その方法の思想から始めて，その構成要素を列挙し，最後にその方法の評価をしている．

9.2 リーンソフトウェアとカンバン

　日本の自動車製造業，特にトヨタの賞賛される製造プロセスの成功によって促進されているのであるが，「リーン開発」は，産業界の多くの部門から高い注目を集めている．不要な部品やプロダクトを製造せずに，顧客や他の製造工程が本当に必要とするまでその品目の製造を遅らせ（ジャストインタイム製造），不必要なコミュニケーションを最小化し，すべての工程で無駄を削減することによって，より効率的な生産を追求している．メアリー・ポッペンディークとトム・ポッペンディークは，「リーンソフトウェア開発」という用語を使い，このアイデアをソフトウェアに適用した．

　既に述べたことだが，ヴィルトは 1995 年に「リーンソフトウェアのための口実」[91] という本を書いた．しかしながら，普遍的な開発手法としてのリーンソフトウェアは，ポッペンディーク夫妻が作り上げたものである．

　また，本節の最後では，リーンソフトウェアと類似する特徴を持つ製造手法であるカンバンについて簡単に確認する．

9.2.1 リーンソフトウェアの意図

　リーン開発では，次のことを非常に重視する．

> 無駄をなくす

　ソフトウェアにおける「無駄」とは，顧客にデリバリーされないものである．リーンの取組みでは，ソフトウェアプロジェクトにおいて，確実に顧客にとって重大なことに集中し，ゴールから邪魔なもの，特に明白なビジネス価値を生まない成果物を除外する．

9.2.2 リーンソフトウェアの規律

　リーンソフトウェア開発では，次の 7 つの規律が推奨されている．

第 9 章 アジャイル開発

リーンソフトウェア開発の規律

1. 無駄をなくす
2. 知識を作り出す
3. 決定をできるだけ遅らせる
4. できるだけ早く提供する
5. チームに権限を委譲する
6. 品質を作り込む
7. 全体を最適化する

規律1の「無駄をなくす」が最も重要である．この無駄には，従来のソフトウェア開発における多くのプロダクトやアクティビティが含まれる．無駄なプロダクトとは，誰も読まない詳細な要求文書や部分的に完了した作業（ある機能を実装するために開始されたが提供されていないコード），ほとんどのユーザが必要としていない余分な機能，バグのことである．無駄なプロセスとは，時代遅れの規則によって義務づけられている長い要求プロセスといった不必要なタスクや，タスク切り替え（プログラマは，常にしっかり定義された1つのタスクに集中させることが望ましい），他のチームが開発するモジュールや資源情報，意思決定などの待ち，成果物を移転する動作，必要ない管理アクティビティなどである．

規律2の「学習を強化する」というのは，プロジェクトにおいて一貫して品質を追求し，プログラマーが経験から学ぶことを促すものである．それは，はじめから正しくやろうとするのではなく，挑戦して，検証して，修正するプロセスを支持している．

規律3の「決定をできるだけ遅らせる」というものは，製造工学の「ジャストインタイム」に由来するものである．将来，変更が発生した際に高くつく大掛かりな事前の設計上の決定を避けることを推奨し，その代わりに，必要な情報が手に入るまで設計の選択をできるだけ遅らせるのである．

規律4の「できるだけ早く提供する」というものは，すべてのアジャイルの考え方に共通するものである．すべてのイテレーションで動くシステムを構築し，ユーザに試してもらい，フィードバックを得るのである．

規律5の「チームに権限を委譲する」というのも，アジャイルの主要な考えである．管理者が指示をするというプラクティスを避け，代わりに，チームがプロジェクトの未来と成功を手に入れるように動機づけるのである．

規律6の「品質を作り込む」というものは，システムの設計の一貫性を維持する必要性

を示している．XPにおけるシンプルという言葉と密接に関係している．

規律7の「全体を最適化する」とは，本当に重要なものに集中し，全体像を見て，小さいことにあくせくしないようにすることである．小さいことにあくせくするとは，次のようなことを指している．

- 中間結果：プロジェクトの全体的な進捗を最適化することがより重要である．（後からの判断であるが，ランス・アームストロングのツール・ド・フランスでの素晴らしい勝利の連続[1]が，これを説明する例となっているのは残念なことだが，これ以上に，印象的な例を知らない [56]．）
- 絶えず個人のパフォーマンスを監視すること．
- ビジネス上の契約．アジャイルソフトウェア開発宣言でも，「契約交渉よりも顧客との協調」と謳われている [3]．

9.2.3 リーンソフトウェア開発：評価

リーンソフトウェアは，プロジェクトを組織し，ソフトウェアを開発する方法を手とり足とり指示する手法ではない．ソフトウェア開発ではなく，一般的な見解において重要なものを集めて作られた哲学である．

この方法は，ソフトウェアも産業生産から着想を得た考えの恩恵を得られる，という仮説に基づいており，非常に魅力的な一方で，内在する限界も存在する．自動車工業など，この健全な原則に従った数多くの成功例があるため，魅力的なのである．そして，リーンソフトウェア開発の考案者が述べるように，ソフトウェア開発には，生産工程がなく，設計作業しかないため，限界も存在する．トヨタや他の革新的な企業の成功を生み出した改善の多くは生産工程において適用されているのである．しかし，類似する効果は存在し，例えば，完全には実装されていないソフトウェアの機能を無駄と見なすことは，従来の産業における棚卸しと比較することができる．他のこと，例えば，移動（ソフトウェア開発において，開発者は互い会うために移動する必要はあるかもしれない．しかし，工場間で部品を移動させる複雑さとは程遠い）などはもっと強引になってしまう．

リーンに関する本の形式によって，方法の直接的な意味を理解することが難しく

---

[1] （訳注）ツール・ド・フランスで7連覇を達成したが，ドーピング問題により，最終的には1998年8月1日以降のすべてのタイトルが剥奪された．

なっている．それらは多岐にわたり，逸話がたくさん紹介されており，飽きずに読むことができる．しかし，ソフトウェアに関連するものも，しないものもあるが，ビデオテープ製作の話，ソフトウェアテストの話，そして，ランス・アームストロングと，話題がどんどん変わっていくため，ソフトウェアプロジェクトのための規則をちゃんと理解しにくくなっている．

包括的なソフトウェア開発手法をリーンソフトウェア開発に求めたり，その筆者らが常に正しいと期待してはいけない．しかしながら，彼らの貢献は重要である．ソフトウェア工学も工学の一つであり，リーンソフトウェア開発は，ソフトウェア工学も他の分野でうまくいった手法から利益を享受できることを強調し，特に，常に無駄のようなものに注意喚起することにより，有用な規律のしっかりした組合せを，ソフトウェア開発者と，特に，プロジェクト管理者に提供してくれるのである．

9.2.4 カンバン

リーンソフトウェア開発と区別されるものだが，カンバンもスーパーマーケットの供給管理の観測より生まれたトヨタ生産プロセスに端を発するものである．カンバンは，リーン開発やスクラムを補足するものとして，ソフトウェア領域で人気がある．

カンバンの大きな思想は，ジャストインタイム生産を実現し，要求駆動となるように，仕掛かり品を最小化するということである．「カンバンカード」は，必要な資材を追従し，必要な部品を使い果たしたときの信号のトリガーを提供する．「カンバンボード」は，スクラムのタスクボードと同様に，「TODO」，「進行中」，「完了」の段階を経る部品と製品の生産工程における進捗を可視化する．

これまで，明示的なカンバンを使ったソフトウェアの方法は存在しないが，カンバンの原則である，仕掛かりの最小化は有用であることが分かるだろう．例えば，スクラムにおける障害を識別し，ソフトウェアチームが最も生産性のあるタスクに集中する手助けになる [50]．

9.3 エクストリームプログラミング

エクストリームプログラミング (XP) は，1990年代後半に紹介されたことにより，ソフ

トウェア工学の最前線にアジャイルの考え方をもたらしたという意味で，アジャイルの元祖と言える手法である．

XPは，今日，あまり見られず，多くの注目はスクラムに移ってきている．しかし，この流行の変化だけから考えると，方法の継続する影響についての現実を見過ごしてしまう．最も建設的なXPの規律とプラクティスが他の方法に統合され，プロジェクトメンバーがその出所に気づいているかは別として，多くの方法でもそれらを適用しているのである．

9.3.1　XPの大きな思想

XPの大きな思想は以下である．

> 少し増やしてシンプルにする

チームと顧客が幸せになるまで，次の基本的なサイクルを繰り返すのである．機能を追加する．テスト駆動開発においては，これまでのコードでは失敗する新しいテストに誘導される形で機能が追加される．新しい機能が動いたら，追加したコードが設計のシンプルさに与えた問題を探す．シンプルさを回復する必要があれば，**リファクタリング**を実施する．

このプロセスは，小さく自己組織化している開発者のグループによって，ペアで作業をして，顧客組織の代表者と常に密接な関係を持ちながら実施される．

9.3.2　XP：純粋な情報源

XPの記述についての見解は，本書の範囲を超えて，より深くXPを学びたい読者の役に立つだろう．様々な著者，特にジェフリーズとカニンガムが，XPに関する良い記事や本を書いているが，参考にすべきものは，ケント・ベックの *Extreme Programming Explained* である．この本には，2000年と2005年の2つの版があり，予想に反して先に出版されたもの（まだ出版されている）のほうが良い内容である．第2版について得られる感想は，筆者は初版に対するコメントによって腹を立てたのだろうということだ [92]．

初版に対する批判の中には，特定の方法でプログラムを書くことを強制させようとしているという不満があった．

奇妙なことだが，プログラミングの方法論の本を購入した人が，特定の方法でプログラム

を書くことを指示されたと不満を言うはずはないのである．結果として，具体的で，そのために批判的な主張から，より絶妙だがあまり面白くはない一般論へと主張を和らげたようだ．例えば，初版の序論のはじめ（2段落から始まる）には，次のように書かれている．

> ある人々に対して，XPは単なる良い常識のようだろう．では，なぜ名前に「エクストリーム」と付くのだろうか？ XPは常識的な規律やプラクティスを極端な段階へと引き上げるのである [15]．
>
> - コードレビューが良いものならば，常にコードをレビューする（ペアプログラミング）．
> - テストが良いものならば，常にテスト（単体テスト）を行い，顧客でさえもテストする（機能テスト）．
> - 設計が良いものならば，設計を全員の日常の作業の一部にする（リファクタリング）．

（4つ以上の箇条書きが続くが，それぞれ，従来から有益だと考えられており，XPがその限界を押し上げるプラクティスを引用している．）明確であり，魅力的であり，挑戦的である．第2版では，該当する段落は次のように始まっている．

> ソフトウェアを開発するより良い方法とより悪い方法がある．良いチームには共通点がある．あなたのチームがどれほど良いか悪いかは関係なく，いつでも改善できるのである．

確かに，そういった穏やかな面白味のない言葉は誰も怒らせないだろうが，「エクストリーム」とは何だろうか？ 何を学べるのだろうか？ 初版の大胆不敵な簡潔さのほうがより利益である．ここでは中身について話しており，形式ではない．第2版でアジャイルのプラクティスを引用しているが，しばしば抽象的な用語で表現されている．プラクティスの正確な説明を知るためには，初版を読む必要がある．

第2版のコメントには，数年分の経験の結果よりバランスのとれた視点が反映されているが，考え方の本質が希薄になりがちである．本書では両方から引用していると分かるのだが，2つの版を読みたくなければ，初版を読んだほうが価値があるだろう．

9.3.3　重要なXPの技術

前章で議論した多くの規律と，プラクティスは，元々XPによって導入された．XPの書籍には，数多くのプラクティスが掲載されている．本質的な技術（この本の専門用語では，プラクティスだけでなく規律や成果物を含む）を以下に挙げる．

- 短い反復（すべてのアジャイル開発のように）
- ペアプログラミング
- ユーザストーリー
- リファクタリング
- 開けた職場
- コードの共有
- 継続的インテグレーション
- テストファースト（またはテスト駆動開発）

最後の2つは，XPの中で，ソフトウェア開発のプラクティスに対する最も長続きしている貢献である．

9.3.4　エクストリームプログラミング：評価

XPは，アジャイル開発をプログラミングの世界に持ち込むという最初の衝撃をもたらした．「エクストリーム」という単語は，先ほど引用した初版の序文で説明されているように，最良の開発プラクティスを最大限適用するという意思を伝えようとしたものである（もし，Pが良いものであれば，そのPをもっと広範囲に，適用しよう）．「エクストリーム」という言葉は，方法の一般的な主張，つまり，その技術が提供するのは可能性ではなくて義務である（例えば，全員がペアプログラミングをすべき）という強い主張をも特徴づけている．

この自己主張を独断的として特徴づけてしまうかもしれないが，方法の主張の強さのうちの一つである一貫性へとつながっているのである．XPは，どのようにプログラミングを学ぶべきか，強い見解を反映しており，ほとんど譲歩の余地を残していない．この姿勢が，コミュニティによるXPの全般的な採用の邪魔になっている．しかし，XPによって推奨される個々の技術の多くは，明確にアジャイルプロセスに従うチームに限らず，産業

界に影響を与えている．もし他になければ，XPによって，上述の最後の2つの技術が必要不可欠なものだと認識され，次のようになっていただろう．プロジェクトでは，ブランチを分けず，常にコードを統合するべきであり，テストを主要なリソースとして扱うべきであり，いかなるコードもテストなしでは開発させず，そして，常に回帰テストスイートを実行する．これら2つの貢献は単独で，ソフトウェア工学の歴史においてXPの地位を確かにするために十分であろう．この2つの技術の貢献だけでも，XPはソフトウェア工学の歴史に名を刻むものなのである．

9.4 スクラム

スクラムはアジャイルの舞台を支配するようになった．様々な研究の多くの結果は異なるが，全般的な流行は避けられない．スクラムは組織的な技術であり，実践する多くのチームはソフトウェア固有の技術的な側面としてXPの概念を追加しているため，まったく競争的な状況であったことが見えなかったとしても，スクラムはアジャイル開発の手法の選択肢として，XPに取って代わったのである．

スクラムに関する注目すべき文献がある．その中には，考案者であるケン・シュエイバーとジェフ・サザーランドによるものもある．筆者とScrum Allianceは，寛大にもチュートリアルや講義資料といった，より具体的で細かい数多くのドキュメントを公開している[1]．コーンとラーマンもまた，役に立つスクラムの本を執筆している．

9.4.1 スクラムの大きな思想

スクラムの最も独特な特徴は，前章で出てきた次の言葉で表される「閉じられた窓」の規則である．

> 短いイテレーションの間は要求を凍結せよ

「3つの役割」や「4つのセレモニー」，スクラムマスター，豚と鶏，その他，様々なプラクティスについて耳にしているだろうから，これが，最も目立つ考え方ではないが，方法の核なのである．ソフトウェア工学の主要な課題の一つ，変更の対処の仕方を扱っているのである．

アジャイルソフトウェア開発宣言は，アジャイル実践者は「変更を歓迎する」と単純に

述べられている．しかし，いつでもどんな変更も取り込む方針を持つ真剣な開発はない．スクラムでは，変更がいまのイテレーションを中断させてしまう場合や，階級や局にかかわらず皆に規則を無理強いする場合を除き，変更を受け入れるということなのである．イテレーションは短く，拒絶は一時的なので，それは持続可能なのである．さらに，冷静になり，機能要求の改善や取りやめをする機会を与えてくれるのである．

この本を準備するためにアジャイル開発に対して長らくの没頭から抜けたのであれば，たった一つの考えに固執しなければならなかった．そして，その一つとは「短いイテレーションの間は要求を凍結せよ」という考えだっただろう．この原則は，革新的で，適用可能で，効果的なものである．

9.4.2 重要なスクラムのプラクティス

スクラムのイテレーションは，前章で学んだ次のプラクティスに従っている．

- スプリント計画：スプリントの最初に実施するものである．
- 閉じた窓の規則：これにより制御可能な方法で要求の変更を扱うことができる．
- ユーザストーリー：実行すべき作業の定義として，分割されたタスクである．
- デイリースクラム：進捗を追跡し障害を隔離するためのものである．
- 「完了の定義」：進捗が実際に何を意味するかを明確にするものである．
- タスクボードと，バーンダウンチャート：ベロシティを評価するものである．
- スプリントレビュー：前のスプリントの結果を反映し，次のスプリントを準備する．

本当に重要なものは，いくつかしかない．多くの他のスクラムの技術については，既に議論している．

9.4.3 スクラム：評価

スクラムは，ソフトウェア産業における多くの意識を勝ち取っている．多くのプロジェクトにおいて，明らかに，この規則が有用だと気づいている．スクラムは特に，反復開発の普遍的なアイデアをゴールを体系化する規則，各イテレーションの期間と管理といった正確な規則へと落とし込んでいる．その結果の反復モデル，つまり，スプリントは，明示的にスクラムを適用しているチームだけでなく，急速に産業界の標準となってきている．

スクラムは，抜け目のないマーケティング活動，特に，スクラムアライアンスを通した認定プロセスによって，スクラムを学んだ人たちをスクラムの支援者へと変えていく．スクラムに関する，洞察力があり，著者が助言をしたプロジェクトに基づいた報告が多く掲載されている書籍が提供されている．しかし，これらの書籍でも，微妙なニュアンスによる擁護があり，自信過剰なため，ソフトウェアの実践者としては，方法の適用可能性の限界はある．スクラムには，もっと分析的で，手軽で厳格なより良い表現が明らかに必要なのである．

スクラムの主たる貢献は，ソフトウェア技術の本質というよりも，プロジェクトの組織的な側面に影響がある（技術的だろうとそうでなかろうと，いかなるプロジェクトを管理するためにもスクラムを推奨しようとする人がいる）．スクラムの最良の側面を保ちつつ，ソフトウェア開発において特有の要求を解決する方法は，未解決なのである．

9.5 クリスタル

クリスタルという名前は，アリステア・コックバーンによって開発された一連の方法を意味する．一連のという単語は文字通りであり，プロジェクトを重要度と規模の2次元で，それぞれ4つの水準で特徴づけると16要素の行列が得られる．そして，名前は色によってラベルづけされる．当然のことながら，このうちの数個だけに，詳細化された手法のが定義されている．クリスタルクリアは，より小さいプロジェクトを対象にしており，クリスタルオレンジは最初に開発されたものであり，より大きなプロジェクト向きである．

9.5.1 クリスタルの大きな思想

クリスタルは，単一のグループを構成するという原則を通して，次の言葉で，チームのやりとりを特に強調している．

> コミュニケーションの浸透

コミュニケーションの浸透により，「質問と回答は自然に流れ，驚くほどチーム内を騒がすことがない」．このゴールから，オープンなコミュニケーションのためにオフィス空間のレイアウトについて強い主張を持っている．チームメンバー間のコミュニケーションが悪かったり，質問に対して答えるのが遅くなってしまったり，例えば，オフィスのレイア

ウトがよくないなどの特定の実際的な障害によって，単に質問していなかったりすることで，大きなコストや障害が発生するので，クリスタルでは，主要なソフトウェア開発の問題であるかのように，このような問題を扱うのである．

このコミュニケーションの浸透の定義は，クリスタルクリアのものである．より大きなグループや異なる場所を横断して分けられるグループに対しては，この概念を「中核のコミュニケーション」として一般化する．

9.5.2 クリスタルの規律

クリスタルは，少しばかり寄せ集め感はあるが，7つの規律を定義している．

「**動作するテスト済みのコードを，実際のユーザに頻繁に提供する**」というものは，「どのようなプロジェクトにおいても，最も重要な要素の一つ」である[21]．この考えは，すべてのアジャイル開発に共通のものである．

「**思慮深い改善**」によって，チームは，「月に1度，または，提供のサイクルにおいて2度，振り返りのワークショップ，または，イテレーションのレトロスペクティブを実施し，うまくいっているかを議論する」．この考えは，ソフトウェア工学の別の領域であるCMMIの「最適化している」段階のモデルを思い起こさせる．プラクティスは，スクラムの「レトロスペクティブ」と関連している．

「**浸透性のコミュニケーション**」は，その名のとおり，チームメンバー間の情報の一定の自由な流れを促進する．

「**個人的な安全性**」は，継続可能なペースについてのアジャイルの考え方に対するクリスタルの見解である．原則では，チームメンバーは，例えば，計画が現実的でないことを指摘するためなど，その必要性を感じた際には，報復措置やその他の望まない結果を恐れずに，自由にはっきりと言葉にできるべきだと主張している．

「**集中**」とは，開発者が邪魔されずに仕事に取り組むための条件を定義する．特に，開発者は次のことを依頼されるべきではない．それぞれのタスクに必要な時間を割けなくなるほど，多くのタスクを一度に実施すること，プロジェクトの目的に関連しない，副次的なタスクを処理すること，頻繁な割り込みに対して処理をすること，または，組織の優先事項である知識を否定されることである．「1日に2時間，集中する時間が確保されていて，同じプロジェクトに2日連続して従事できれば，そうできないとイライラしてしまう開発の中には，1週間の仕事を4時間で片づけてしまう開発者がいるかもしれない．

「**熟練ユーザに簡単なアクセス**」は，顧客を巻き込む普遍的なアジャイルの規律のクリ

スタルにおける変形である．この方法は，XPのやり方であるチームにユーザを埋め込むことや，スクラムのようにプロダクトオーナーを定義することを規定しない（いずれの技術の除外もしない）が，ユーザ代表の知識への現実的なアクセスを保証するものである．「現実の熟練したユーザへの1週間に1時間だけのアクセスでさえ，極めて価値がある」．この推奨は，クリスタルが現実主義者であることを示す典型である．先の議論で記載したが，現実の熟練者は需要が高く，プロジェクトに対して広範囲にわたって（終日に満たなくとも）協力してもらえる可能性はほとんどない．しかし，管理側から最低限のアクセスを保証することは，必要最低限である．

「**自動化されたテストと構成管理，頻繁な統合ができる技術的な環境**」は，規律にとっては長い名前だが十分，分かりやすい．プログラマーは近年のツールが利用可能であるべきである．おそらく，クリノリンのペチコートの時代に生まれたプロジェクト管理者を除けば，今日，破壊的な考え方はほとんどないが，繰り返す価値はある．

9.5.3　クリスタル：評価

リーンソフトウェアのように，クリスタルは，スクラムが行うような管理側においても，XPが行うような技術的な面に対しても，一つひとつすべきことを教えてくれる包括的な手法ではない．むしろ，クリスタルは，ソフトウェア開発の知恵の濃縮であり，非常に健康的である．

他のアジャイルの方法とクリスタルが最も異なる点は，独善主義を拒絶し，古めかしいソフトウェア工学の規律のいくつかを受け入れていることである．プロジェクトの様々な種類，重大かそうでないか，大きいか小さいか，によって適応される手法の変形を供給することはまた，新鮮な取組みである．

複数の方法を用意している考え方は，プロジェクトの環境が広く多様であることを反映している．しかしながら，4×4の行列を個々の方法の記述で埋めることは現実的でない．それぞれに，個別の特徴があり，参考書とトレーニング教材が存在するのだ．プロジェクトは，サイズと重要性によって決定されたその他の方法に対して，1つの方法を選択すると期待するのは，一層現実的ではない．たとえ決定が正しかったとしても，プロジェクトは進むにつれて変化する．また，方法を途中で変更しなければならない場合より，なめらかに発展すべきである．クリスタルは，プロジェクトのパラメータの段階的な変化を考慮しながら，より効率的に，汎用的なソフトウェア開発を認識し，それを解決する単一の方法を提供することができる．

この分野の歴史では，クリスタルは単なるエピソードに終わっている．しかし，創造の瞬間よりもむしろ受け入れの瞬間の観点から考えれば，XPは第1世代を形作り，スクラムが第2世代ということを考えると，考え方の起源にかかわらず，ソフトウェア工学の最良の考え方を統合し，大小のプロジェクトのために現実的なフレームワークを提供しようという試みを持つクリスタルは，ソフトウェア管理と開発の具体的な技術を定義する現実的な手法への発展し，第3世代のアジャイル開発に向けたの第一歩となるかもしれない．

第 **10** 章

アジャイルチームの扱い

第 10 章　アジャイルチームの扱い

最後の評価に移る前に，あなたの組織にアジャイルな考え方を採用するグループを取り扱う方法に関して，いくつかの見解がある．

10.1　重力は依然として効力を持つ

我々の不信を一時保留するよう依頼するアジャイルの著者が多く存在した．IBM の保護下で配布されたある 2012 年の本は，様々な反対を次のように即座に払いのけている [13]．

- アジャイルは規制された環境に適していないという意見に対して：そのような環境では，組織は規則を遵守するため，監査が必要になる．アジャイルを用いて，この監査に合格すれば，この組織は自信を持てる．より早くデータを提供し，より高い品質の出力から利益を得ている．
- アジャイルは何が提供されるか分からないことを意味するという意見に対して：アジャイルは反復型のプロセスなので，ライフサイクルの中で，正しいものを構築するために，より大きな制御を可能にするのではなく，より適切な制御を行う機会が提供されるのである．
- アジャイルはスケールしないという意見に対して：アジャイルは間違いなくスケールする．ただし，大きなチームを組織する方法は異なる．大きなアジャイルチームは，要求モデリングのために IBM Rational Requirements Composer のような製品を使うことによって成功した．

などなど．信じてほしい．アジャイルはすべて解決するから．これは，立派な会社から注意するように言われた管理者に対してはあまり良い助言ではない．

真実として，ソフトウェア工学には，我々が期待できることを制限する法則があるのである．そのような法則の例は，1980 年代のベームの仕事 [17] まで立ち戻り，それ以来の多くの研究 [59] によって確認されてきている．いかなる IT の問題も「名目上」のコストと名目上の開発時間が存在し，解決策はそれらから大きくは逸脱しえない，と述べられている．次の図はそのことを表したものである．

大きな赤い点は，名目上の点を表している．これらの研究に従って，より多く投資をする（より多くの開発者や管理者を雇用する，あるいは，より良い開発者や管理者を雇用す

10.1 重力は依然として効力を持つ

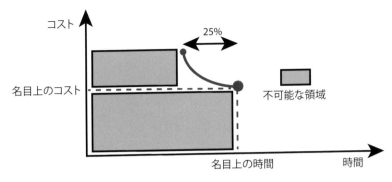

図 10.1　名目上の値と可能性のある変更

る）ことによって，システムを提供するまでの時間をより短くすることが可能である．曲線によって表されているが，この曲線は，名目上の時間の 75 % あたりでこの曲線は停止する．灰色の範囲は，不可能な領域であり，少ない資金や名目上の時間の 75 % 未満では結果を得られないことを意味している．

　研究は名目上の点の右に起きることに関しては，研究によって異なる．例えば，より時間をかけることによって，より少ない開発者で，資金を節約できると提案していることもあれば，遅延するだけでなく，予算超過で終わるだろうというものもある．

　このようなソフトウェア工学の法則について話す場合，物理法則のような厳密さや普遍性の水準にはいない．それらは，信頼できる実証的な研究によって支えられる簡単な観測である．さらに，それらは一時的な技術を反映している．船舶ができることの限界を定義する法則は，蒸気船が船を置き換えたときに，無効になった．ソフトウェアでも同様に，技術の飛躍が根本的な法則を完全に変えてしまうこともあり得るのである．しかし，ソフトウェア工学の知恵を現実的でないと見なし，アジャイル開発という技術の飛躍により生産性が向上すると信じるのは少し待ってほしい．特定の最も重要なプロジェクトやグループだけでなく，ソフトウェアに携わる全員のために，注意を払うべきである．重力は依然として効力を持っているのである．

　アジャイルはどこでも適用できると主張する IBM が出資した研究では，調査した組織の 54 % が「少なくとも 1 回はアジャイルの取組みを試し却下した」ということが分かっている．特徴として，その知見から引き出される結論は，IBM が推奨する方法（スクラム，カ

ンバン，リーン開発）は優れている，ということである [85]．先入観を持たない人にとっては，この統計結果は，代わりに警告として機能するだろう．用心深くアジャイル開発へ取り組むようにとの招待状なのである．

アジャイル開発は，明らかに多くの利点を提供してくれる．そうでなければ，この本が存在する理由がないだろう．しかし，奇跡を期待しても役には立たない．現実的なゴールを設定し達成するよう努力することが望ましい．

10.2 機能か時間かと考えるのは間違いである

アジャイル開発でのイテレーションはタイムボックス化している．もし何かを犠牲にしなければならないのならば，それは機能であり，イテレーションの終了日ではないだろう．この原則は素晴らしいとみてきた．しかし，その考え方はプロジェクト内部の段階にしか適用されない．顧客の世界には，それ自身の制約があり，通常，交渉の余地はない．

12カ国のための通貨の統一の日付として2002年1月1日が選ばれた際，以前の貨幣がたった2か月後に法定通貨でなくなるという規定に従って，ITインフラが，その年の初日までにユーロに対する転換の準備が整っていなければならないことは明白であった．それである．

提供日と機能が同等に重要であるということは，確かに，ソフトウェア開発の典型的な規則のうちの一つである．それにもかかわらず，アジャイルの世界はだれも両方を保証できないというアイデアを推奨してきている．機能に対してか，時間に対しては責任を持つことができるが，両方はできない．ケント・ベックは明確にこのことを次のように述べている [92]．

> 時間やコスト，品質を固定するソフトウェア開発のために契約書を書こう．しかし，システムの正確な適用範囲については，交渉を継続するよう求めよう．一つの長い契約の代わりに，一連の短い契約に同意して，リスクを減らそう．
>
> 機能の交渉の話に進もう．両方の団体が同意しさえすれば，任意で実施する内容を用意して，大きく長い契約は，半分か3つに分割できる．変更要求のために高いコストがかかる契約は，事前により小さな機能にまとめて，変更に対してより

小さいコストで書くことができる．

　特にコンサルタントなのであれば賢い．どのようになるかを約束することもできるし，次の6月まで，とも約束できる．どちらか選んでほしい．

　もちろん，たいていの顧客に対しては，この機能か時間かの手法は機能しないだろう．顧客は，機能と同様に時間を知りたいのである．アジャイルの著者らは，世の中の厳しい現実を理解するよう顧客を「教育する」ことを提案している．たいていの顧客は，もちろん，再教育の合宿への旅行を省略するだろう．先の章で見た著者の観点では，たとえ「二流の階層にいるお役人」と分類されるということを意味しているとしても，彼らはその罠に落ちないだろう．我々を皆が喜ばせるお役人と呼んでほしい．しかし，我々は，一定の費やせる資金と一定の達成できるビジネス結果，そして一定の達成するための時間を持っている．

　この問題は，優秀なソフトウェアチーム（と優秀なコンサルタント）を区別する指標となりうる．優秀なチームの定義は，1年以上，たえず予算内で適切な機能を定刻どおりに提供できる，ということである．アマチュア，つまり，時間と予算内で品質のある結果を適用できない人たちは，流行という口実を提供し，アジャイルの神業によって，このプロとアマチュアの間の根本的な違いを一時的に隠すことができる．経済的な判断がすぐにそのごまかしに終止符を打つので，そのような見せかけは，あまり長くは続かない．

　しかしながら，移行期間では機能か時間かの見せかけは問題を引き起こす．特に，アジャイルチームが古典的な予測技術を使う他のものと共存する環境では問題となる．計画指向のグループは，アジャイルの予測技術から正確な責任を得ることは難しいと気づく．もちろん，責任から解放するべきではない．そして，プロジェクトの内部をタイムボックス化されたイテレーションへと分割しても，顧客の成果物における機能と時間を拒絶することはできないのである．しかし，アジャイル開発を採用するいかなる組織も，そのようなシナリオのための準備をするべきである．

　アジャイルチームに責任を負ってもらう難しさは，全体的だろうと部分的だろうと，組織をアジャイル開発へと変遷させるうえで最もデリケートな問題である．

　例によって，弁解の余地のないアジャイルの誇張表現は，重要な生産性の観測に隠れている．機能と時間の両方を約束することを渋るのは，特大のゴールと非現実的な締め切りを盛り込んだプロジェクトの悪い経験から来ている．

　合理的な結論としては，そのようなゴールは中間ステップに分割するとより良いという

第10章 アジャイルチームの扱い

ことである．明日の百より今日の五十である．一定の間隔で達成可能で，触って使える対象を定義すべきである．それらを達成するということは，すでに配備された部分的なリリースを生み出したということだけでなく，継続的な進捗の感覚を提供することによって，皆と開発チーム，顧客の士気を高めるのである．しかし，チームはそれらマイルストーンにおいて，システムが何を提供し，そして，それがいつになるのか，ということに対して，責任を持つべきである．

第11章

アジャイル開発の評価：
難点・誇張・利点

アジャイル開発を形作る主要な規律と役割，プラクティス，成果物について見てきた．アジャイルの貢献，つまり，どの考え方を寄せ付けず，どの考えがとるに足らないもので，そして，どれが本当に役立つのかを評価するときが来た．

本章の節構成を考えると，本書のタイトルの順序は逆にしたほうが適切だろう（そして，素晴らしいことと，単に良いことを区別するために，3つではなく4つの分類を使っている）．アジャイル開発には不備な点もたくさんあるが，その取組みの中に，本当の発展が存在しないのであれば，注目に値しない．そのため，そういった真珠（素晴らしいこと）で終わることが重要なのである．

11.1 難点

アジャイルの取組みにおける最も悪いことから始めよう．つまり，ソフトウェアプロセスに損害を与える考え方である．

11.1.1 事前タスクの軽視

議論の余地なく「事前の」作業の軽視が，アジャイルの悪い代表であろう．特に，事前要求と事前設計を軽視することである．

大掛かりな事前の作業に対するアジャイルの批判には，洞察に富んだ見解も含まれている．システム開発の前には誰も要求を完全には把握できないということは正しい．要求は変化し，実装が進むにつれて，アーキテクチャは改善されなければならない．これらの見解は，ソフトウェア工学の根本的な難しさを表しており，はじめにすべてを定義しようとすることは無駄である．

しかしながら，普通の工学的なプラクティスを避けるための主張ではない．解決に取り掛かる前に問題を研究し，詳細に着手する前に解決策のアーキテクチャを定義するというのは，実際には，合理的な努力のプラクティスなのである．アジャイル開発によって提案されている代替の方法は，その場しのぎの取組みでしかない．ある機能を特定し，構築し，結果を評価し修正し，それを繰り返す．重大な要求や設計に対しては，代用が利かないのである．

反復開発は素晴らしい．最終的な意思決定をする前に，小さな規模においてアイデアを試すことは素晴らしい．生きている，変化しうるプロダクトとして要求を扱うことも素晴

らしい．（いったん，基本構造が整ったら）一定の成果物を強く主張することも素晴らしい．リファクタリングは，アジャイル開発の大きな貢献の一つとしてこの章の最後に名を挙げている．これらの考え方は，解析と設計の初期タスクを見放すことの理由にはならないのである．

アジャイルのアイデアには，良い点・悪い点がある．しかし，ここでは言葉を濁す必要はない．アジャイルの著者らが主張するように，これら事前の作業を無視すると，間違いなく，あなたの開発に損害を与えるだろう．

11.1.2 要求の基本としてのユーザストーリー

ここまでのいくつかの章でも議論してきたことであるが，ユーザストーリーは，要求の完全性を確認するための方法として有用な役割を担っているが，要求の基本的な形式としてそれらを使うことは，抽象化を捨てることを意味している．加えて，ジャクソンとザブが主張する，構築するマシンとそれを制約するドメインとの間の重大な区別を無視している．

結果として生じるシステムは，識別された特定のユーザストーリーに対しては，辛うじてかみ合うが，通常，他の利用には適用できず，そして，より普遍的な要求に適応することも難しくなってしまう．

ユーザストーリーは，鍵となる抽象と連想する作用（ドメインモデル）を定義し，マシンとドメインの性質を明確に分けることを目的としたものであり，システムの要件定義の代用品ではないのである．

11.1.3 機能単位の開発と依存関係の無視

アジャイル開発の中核となる考え方は，ビジネス的な価値に基づいて選択された個別の機能に対する一連の実装として，ソフトウェア開発を扱うということである．そのような取組みが適用可能であれば素晴らしいことだが，空想の世界でしか存在しない．難しいプロジェクトでは，このスキーマに当てはまらない．それらは（通信や永続層といった核となるアーキテクチャの要素を構築する）根本的な作業を必要とし，「乗算」の種類の複雑さを引き起こす．

11.1.4 依存関係追跡ツールの拒絶

機能の相互作用の潜在的な複雑さは，タスクの依存関係の注意深い分析を必要とする．プロジェクトは，それら自身のリスクにおいてのみこの分析を省略することが可能であ

る．ガントチャートや依存関係管理ツールを避ける助言は，考えが甘いだけでなく有害である．このようなツールはプロジェクト管理のための万能薬ではないが，数十年の利用を経てその価値を示してきたものである．それらは同様に，アジャイルプロジェクトをも支援できる．有用なツールの独善的な拒絶は，自ら招いた傷となっている．

11.1.5 従来の管理者のタスクの拒絶

タスクを割り当てる従来の責務を負った管理者を持たず，アジャイル開発によって推奨された自己組織化チームは，いくつかのチームにとって最良の解決策であるが，多くの場合には適していない．無能な制御中毒者としての管理者のイメージは風刺画でしかない．強い管理者の能力を介して，多くのソフトウェアプロジェクトは完了にこぎつけ，失敗寸前の多くのプロジェクトは救われてきたのである．すべてのプロジェクトに，単一の管理手法を課すことは傲慢である．

管理は「繊細な制御」を介して影響を及ぼすという提案は，事態を悪化させる．開発者は，彼らが影響下にあるいかなる制御も隠すことなく明確にするように要求する権利がある．

11.1.6 事前の一般化の拒絶

アジャイルの実践者は公正に次のことを主張する．プロジェクトの第1の責任は，顧客に動作するソフトウェアを提供することであり，拡張性（変更のしやすさ）と再利用性（今後のプロジェクトへの適用可能性）のために，あまりに早く関心を寄せることはそのゴールの障害になる．特に，ソフトウェアが拡張される方向や，どの部分を再利用する必要があるかは，最初から明らかであるとは限らないためである．しかし，これらの見解は，一般化の概念を完全に拒絶する理由とはならない．そのような姿勢は，公言したアジャイルの規律である「変更を歓迎する」を直接的に否定する，と見て取れる．良いソフトウェア開発者は，発生した変更に時間を要しないのである．柔軟なアーキテクチャを設計し一時的な問題よりも多くを解決することで，それに備える．

11.1.7 オンサイト顧客

開発チームに埋め込まれた顧客の代表というXPのアイデアは，先の議論で説明した理由で，実践にはうまく動作しない．しかしながら，プロダクトオーナーというスクラムの

役割は，素晴らしいアイデアのリストに掲載している．

11.1.8 個別の役割としてのコーチ

献身的なスクラムマスターというスクラムのアイデアはスクラムにとっては良いが，ほとんどのプロジェクトにとっては適切でない．良い開発は，単なる話し手ではなく実行者を必要とする．

11.1.9 テスト駆動開発

テストファースト開発，機能の全部分にテストを用意するという要求は，良いことと素晴らしいことのリストに含めた．つまり，リファクタリングは機能する．

しかし，テスト駆動開発には別の問題がある．TDD の基本ステップとして，テストを書き，テストをパスするようコードを修正し，必要があればリファクタリングする，というプロセスの繰り返しは，真剣に取り組まれない．そういった取組みを用いると，最新のテストに注目することにより視野を狭めてしまう可能性がある．効果的なプロセスは，システム全体を考慮した，高水準の視点を必要とする．

テスト駆動開発は文献で広く議論されており，産業界でも選択されてきた．しかし，この技術は広く実践されているわけではない．（一方で，多くの企業はユーザストーリーを採用している．ユーザストーリーで要求を置き換えることは，テストで仕様を置き換えることと同じであると，企業が自覚することを望んでいるだけかもしれない．）

11.1.10 ドキュメントの軽視

ほとんどの現実の顧客が利益を得ないドキュメントを重んじるプロセスに対するアジャイルの批判は，ある産業領域を対象とすると正しい．けれども，極めて重要なシステムといった場合では，ドキュメントは証明機関によって法律的に要求されるので，その状況では何もできない．（そして，お役人の惰性の範囲に留まらない．非常に熱心なアジャイルの実践者であっても，次のアジャイル・カンファレンスに飛行機で向かっているときには，飛行機のソフトウェアの評価のために，多くの証明基準が必要であるというとは，それほど悪いアイデアではないだろう．すべてが「無駄」というわけではないのだ．）

厳しく規制された要求を用いる特定の産業の以外では，ドキュメントの準備を軽減することのほうが強い場合がある．ソフトウェアの「設計」は他の工学の分野における生産（実装）ほど離れたものではないことは，アジャイル実践者が強調するように正しい．近年の

プログラミング言語が支援してくれる部分もある．コード自身に従来の設計の内容の一部を含むことが可能なのである（私の仕事のいくつかは，この問題に向けられている）．しかしながら，事前の計画やドキュメントを軽視することを正当化する見解はない．ソフトウェア工学は工学であり，または，工学であるべきであり，そして，支えるドキュメントと同様に，注意深い予測の取組みの利益を痛ましいほど必要としているのである．

11.2　誇張

　次の分類は，価値はあるが，ソフトウェアプロセスの生産性とソフトウェアプロダクトの品質において，意義深い差分を作れなさそうな考え方である．

- ペアプログラミング
  時折適用されるべきプラクティスである．ペアプログラミングは，プログラミングチームのあらゆる手段に追加する価値がある．しかし，プログラミングプロセスに対して主要な改善が必要であり，コードレビューといった古典的な技術より良いということに信頼性のある根拠はなく，開発の唯一のやり方としてペアプログラミングを課す理由はない．
- オープンスペース
  職場環境の配置のための単一の常套手段はない．我々の知る限りでは，情報のやりとりのために簡単で明確な機会を提供することが不可欠である．まして，多くのオフィスの組立ては，チームの成功を危うくしないようにもできる（しかしながら，関連する点は，次の節の「良い」考えの中に分散開発を避けることが含まれている）．
- 自己組織化チーム
  いくつかのチームは，指揮者なしのオーケストラのように，自分たち自身を管理するために十分に有能で経験を持っている．しかし，大抵は違う．それぞれの状況はそれ自身の組織的な解決策を必要とし，すべての産業において単一のスキーマを課す理由はない．
- 持続可能なペースで作業する
  デスマーチは良い管理プラクティスでないという意味では，素晴らしい助言である．しかし，ただ考えが甘いだけである可能性がある．それら自体は，良い意思よりも経

済的・組織的圧力によって決定される．また，プログラミングの世界に限ったことでもないのである．提案依頼書に応答する企業のように，会議への投稿締め切りに直面している研究者は，それに間に合わせるために夜を徹して作業するだろう．ソフトウェア方法論者たちができることの多くは，そのようなプラクティスは例外を認めるべきと主張することである．

- **最小の機能を生産する**
  提案する特徴が本当に必要か質問することは常に良い習慣である．しかし，多くの場合，それらはある重要な顧客がそれらを欲しているという理由のために導入されるのである．肥大化を罵り巨大なソフトウェアを嘲るのは簡単だが（Microsoft の Word や Adobe の Acrobat がよく対象とされる），機能を削除し憤慨したユーザの絶叫に備えてみてほしい．

- **計画ゲーム，プランニングポーカー**
  開発アクティビティのコストと時間の上昇を見積もることを支援する興味深い技術はあるが，より科学的な取組みの代用とはならない．特に，それらは，群衆による脅迫の危険にさらされている．つまり，専門家の一言は，初心者の合唱によってもみ消される恐れがある．

- **メンバーと観測者**
  プロジェクトミーティングでは，人々の視点は，大半の問題に非常に真剣に向けられる．この当り前の見解は，「豚」と「鶏」とを区別することに注目する必要はない．

- **コードの共有**
  コードの様々な部分を変更することを許可されている人たちを統治する指針は，各プロジェクトにとって繊細に決定する必要がある．それは，チームの性質と多くの他の考慮すべきことに依存する．普遍的な解決策を規定することは要領を得ない．

- **機能横断型のチーム**
  開発者に広範囲の能力を得るよう勧めることであり，それぞれある人の管理下における専門知識の限られた王国にプロジェクトを分断することを避けるということは良いアイデアである．この普遍的な助言を超えて，特別な領域は特別なスキルを要するという明らかな所見を変えうる方法はほとんどない．開発者の一人がデータベースの専門家で他が並列処理の専門家であるとして，選択権があるならば，扱いにくいデッドロックの問題を解決するため前者に尋ねることはないだろうし，クエリの最適化に対しては後者に尋ねることもないだろう．この所見は，パイプラインにおいて最もビジ

ネス価値のあるタスクを選択するアジャイルの計画指針が安易で潜在的に有害である，という別の理由でもある．

11.3 利点

リファクタリングを推奨することは，アジャイルの取組み，特にXPの重要な貢献である．良いプログラマーは，動作するだけでは不十分で，設計の見直しを検討し必要があれば改善すべきだと，常々思っている．リファクタリングは，この活動を名づけ，社会的地位を与え，基本的なパターンカタログを提供した．事前の設計の代用として使うことは，それはアジャイルの「難点」の部分に属する恐ろしい助言である．しかし，注意深い初期設計を添えるプラクティスとしては，すべてのソフトウェア開発に対して有益である．

デイリーミーティングにおいて「3つの質問」で進捗に対する簡単な口頭での報告に着目することは，素晴らしいアイデアである．それは，独善的な方法で実践される必要はない．なぜならば，分散プロジェクトや柔軟な作業予定を持っている企業はその基本スキーマを採用する必要があるが，ソフトウェア開発を間違いなく支援するプラクティスの一つであり，現状よりもっと広く採用されるに値するからである．

アジャイルの方法は，プロジェクトの成功に対して**チームのコミュニケーション**の重要性（クリスタルの専門用語では「浸透性」）を正当に強く主張している．結果の一つとして，可能ならばいつでも，分散開発をやめてプロジェクトを一か所に集めることを推奨している．

障害を識別し取り除くプラクティスは，特に進捗の打合せの焦点として，強力なアジャイルの洞察の結果である．

同じ脈絡で，リーンによるソフトウェア開発における**無駄**の源の識別とそれらの除去する主張は，ソフトウェアプロジェクトにとって素晴らしい規律を提供する．

11.4 非常に素晴らしいこと

幸運なことに，アジャイルのアイデアに対する我々のレビューにおいて，いくつかの効果的でまさに刺激的な原則とプラクティスに出合った．

11.4 非常に素晴らしいこと

短いイテレーションはおそらく，アジャイルの考え方の最も目に見える影響であり，その影響は，産業の至るところにすでに広まっている．今日，半年の目標を達成する素晴らしいチームはほとんどない．産業は，数週間ごとの点検を設け，絶え間なくフィードバックを与えることが不可欠であるということを理解している．

継続的インテグレーションに関連するプラクティスと，成果物としての**回帰テストスイート**は，アジャイルの発明ではないが，XPによって普及されるようになり，近年のプロジェクトの成功における主要な要因である．産業，少なくともすべてのよく管理されたプロジェクト，は古めかしい「ビッグバン」プラクティスから抜けだし二度と戻らないだろう．

状態によらずイテレーションの間に機能を追加することを禁止する**閉じた窓のルール**は，最も洞察力のある効果的なアジャイルのアイデアの一つである．

タイムボックス化したイテレーション，つまり，機能が実装されていなくても遅延を認めないということは，チームメンバーと顧客代表に注意深く現実的に計画することを強制し，プロジェクトにスケーラビリティをもたらす，素晴らしい原則である（それはイテレーションだけに適用すべきで，顧客が納期を指示するプロジェクト全体には向かない，ことが見て取れる）．

スクラムは顧客組織のゴールを表し，プロダクトに何を投入する/しないに関して決定力を持つ，明確に定義された**プロダクトオーナー**という有益な概念を導入した．

動作するソフトウェアを納品することにおける重点は，別の重要な貢献である．要求やインフラ，他の事前の作業を排除するように理解されるのならば，それは有害であると見て取れる．しかし，いったんプロジェクトが健全な基盤を確立すると，動作するバージョンを保守する要求は，生産性の規律をチームに課す．

ベロシティの概念と，視覚的で絶えず更新される進捗またはその不足の根拠を提供する．また，**タスクボード**という関連する成果物は，すべてのプロジェクトを支援できる直接的に有用な技術である．

機能のすべてにテストを記述することは，ソフトウェアプロジェクトとその結果生じるプロダクトの堅牢性に対して大きく貢献する基本的な規則である．

良いまたは素晴らしいとして列挙されるアイデアは比較的少ないが，それらは重要かつ有益である．それらは注意深く研究するとともに，すぐにでも適用する価値がある．それらは，場合によっては多大な労力を要しながら，アジャイル開発を調査した成果である．いったんアジャイルの信条の疑わしい部分が解消されれば，アジャイルは，ソフトウェア

第11章 アジャイル開発の評価：難点・誇張・利点

工学のプラクティスにおいて永続的な足跡を残し，構造化プログラミングや形式手法，オブジェクト指向ソフトウェアの構築や設計パターンといった，早期のアイデアとともにその分野における大きな進歩の歴史に名を刻むだろう．

訳者あとがき

訳者あとがき

1 アジャイル支持者として

　Meyer氏のアジャイル感は，いかがだっただろうか？ 世の中で一番アジャイル開発に否定的な表現が多いアジャイルに関する本かもしれない．私自身はアジャイル推進派の人間であるため，Meyer氏の辛口のコメントは受け入れ難いものも多々あったというのが正直なところである．ところで，2016年1月にMeyer氏が来日した際に，この翻訳のおかげで幸いにもMeyer氏と直接話をする機会をいただいた．その際に話を伺った感想としては，本書の辛口なコメントとは裏腹に，アジャイルについて理解をされており，その潮流を好意的に受け止められているという印象を持った．そこで，Meyer氏のアジャイルに対する否定的なコメントを補足して，本書のあとがきとしたいと思う．

2 アジャイルとプロセス

　アジャイル開発は，開発方法論と呼ばれることも多い．これまで，開発方法論というと，ラショナル統一プロセス，ICONIXに代表されるように，ソフトウェアの開発プロセス，すなわち，どのような手順でソフトウェアを開発するかを規定したものを意味することが多かった．しかしながら，代表的なアジャイル開発である，スクラムやXPは開発プロセスを規定しているものではない．実際，アジャイルソフトウェア開発宣言でも「プロセスやツールよりも個人と対話」を重視すべきと謳われている．

　このアジャイル開発は開発プロセスを規定するものではないということを認識しないことが，アジャイル開発を導入する際の大きな障害であると考える．つまり，例えば，スクラムを実践すれば（スプリントごとに開発し，デイリースクラムといったイベントを実施すれば），ソフトウェア開発を成功に導くことができると考えるのは間違っているということだ．スクラムはソフトウェア開発において「透明性」「検査」「適応」の実現を目指した指針であり，イベントや成果物は，これらを維持するきっかけを与えてくれるものではあるが，保証してくれるものではないのである．

　Meyer氏は，アジャイルにおいて難点なものとして，「事前タスクの軽視」「ドキュメントの軽視」を挙げている．実際，私もアジャイルを推進しているというと，アジャイルで

は設計しないのか？とか，ドキュメントを書かないのか？と聞かれることがしばしばある．確かに，アジャイルの実践者は，詳細まで事前に決定することや，すべての情報をドキュメントとして記録することが最善だとは考えていない．しかし，それはすべての事前の作業を否定しているわけでもなく，すべてのドキュメントを否定しているわけでもない．例えば，ソフトウェア開発を開始する前に顧客やチームとの共通認識を得るために，その開発において何が重要であるのかを，ユーザストーリーマッピングのワークショップで洗い出すことなどは重要だと考えている．そして，ユーザストーリーもある種のドキュメントである．その他の例としては，インセプションデッキも好例だろう．インセプションデッキを事前に作成することは重要な作業だとアジャイルでは認識されており，作成されたインセプションデッキはプロジェクトを通して，重視すべきものなのである．

では，アジャイルが否定する事前のタスクとはどういったものなのであろうか．Meyer氏が本文で述べているように，まず，変更の可能性が高いものに関する事前タスクは避けるというのが一つであろう．もう一つ関連するのは，やはりMeyer氏が冒頭で紹介しているようにユーザの価値に対する考え方だろう．一般的なウォーターフォール型のプロジェクトであれば，アーキテクトやシニアエンジニアなど呼び名は様々だろうが，上級と定義された少数のエンジニアが，上流工程と呼ばれる要件定義や設計と呼ばれる事前の作業を実施し，その成果に基づいて，プログラマーやコーダーと呼ばれるエンジニアが大量に投入されて，下流工程と呼ばれる実装やテストを実施する．このとき，下流工程のエンジニアの大半は，顧客の思いや期待を想像することすらなく，設計書に基づいて，作業を実施するのである．

同じようにアジャイルが軽視するドキュメントも同様のことが言える．詳細設計書と呼ばれるようなドキュメントは，実装の詳細を記述しているため，そこに記述されている情報は，実装を進める中で適切でないことが判明することはよくあることである．その際に，当然，コードは適切に実装するだろうが，詳細設計書まできちんと修正できることは稀であるし，ドキュメントの修正が必須のものであったとすれば，膨大な工数が必要となるだろう．そして，詳細設計書は，ユーザの価値を伝えるドキュメントではないのである．

ところで，アジャイルソフトウェア開発宣言に名を連ねる一人であるMike Beedle氏が，2014年にRegional Scrum Gatheringのために来日した際に，幸いにも話す機会があった．彼は「アジャイルとは，ソフトウェア開発における人間回帰なんだ」と言っていた．この言葉は，非常に納得でき，興味深いものである．つまり，開発者はロボットのように命令（設計）どおりにコードを書くのが仕事なのではない．ユーザの価値を考え，その価値を提

供し，ユーザを笑顔にするというのが，開発者の仕事なのであると私は解釈している．そして，少々論理的な説明ではなくなるが，そのように人間らしく働けるからこそ，目の前のソフトウェアの構築に注力でき，素晴らしいソフトウェアを作ることができるのだろう．

3 アジャイルとプロジェクト

プロジェクトという観点から，少しアジャイルについて考えてみたい．PMBOK ガイドにおいては，プロジェクトは次のように定義されている．

> プロジェクトとは，独自のプロダクト，サービス，所産を創造するために実施する有期性のある業務である．

ここで注意してほしいのは，有期性というのは，プロジェクトには明確な始まりと終わりがあることを示しているが，最初に終わりを決定しているということではない．ここでの終わりとは，プロジェクト目標が達成されたとき，もしくは，プロジェクトが中止されたときである．

また，プロジェクトマネジメントにおける，計画に対する考え方の概要を，以下のように記述している．

> プロジェクト・マネージャーは，プロジェクト・ライフサイクルを通して，大まかな情報を段階的に詳細化して詳細計画とする．

プロジェクトの最初に詳細に計画を立てるとは言及していないことに注目してほしい．また，近年，PMI もアジャイル開発もその手法として取り入れており，第 6 版と同時に *Agile Practice Guide* という文書が出版されている．つまり，PMBOK とアジャイルは相反するわけではないのである．しかしながら，PMBOK とアジャイルは相いれないという認識を持っていることが多い．

その理由は以前の PMBOK ガイドは計画型のプロセス主導の記述になっていたことであろう．そして，以前の PMBOK に基づいて確立されたやり方が組織に存在しており，たとえ PMBOK の内容が変わっていたとしても，そのやり方を踏襲することが，プロジェクトを管理する最適な方法だと思い込んでしまうからであろう．

この誤った思い込みは，アジャイルを推進する場合にも容易に起こりうることである．例えば，「テスト駆動開発を実施しているから，プロダクトの品質が高い」「ペアプログラミングを実施しているから，コードレビューが不要」といった意識を持っているのであれば，注意が必要である．この主張が完全に間違っているわけではないが，正しい保証はないのである．つまり，テスト駆動開発を熟練のエンジニアが実施している，あるいは，あるしっかりとした方針の下で実施しているのであれば，プロダクトの品質が高い可能性は大きい．同様に，ペアプログラミングで互いに意見をぶつけながら開発ができていれば，コードレビューは不要なことは多い．しかしながら，未熟なエンジニアがテスト駆動開発を実施したり，盲目的に手順だけテスト駆動開発をなぞっている場合は，そのコードの品質はおそらく非常に低いだろう．互いに信頼関係を作れておらず，ただ横にいるだけのペアプログラミングを実施していたとしたら，コードレビューに相当する効果があるはずもない．Meyer 氏がテスト駆動開発を有害なプラクティスだとし，ペアプログラミングの効果は誇張されたものと指摘したのは，このためだと推察する．

　大事なのは目的を意識することである．PMBOK に従うことが目的ではなく，もちろん，自社の開発のやり方を踏襲することも目的ではない．PMBOK は，プロジェクトを成功に導くための「良い実務慣行」である．そして，アジャイルも同じく，プロジェクトを成功に導くためのものである．極論すると，アジャイルは，プロジェクトが成功するためには何が必要かを考え，それに必要な施策を実施せよと言っているにすぎないのである．

　その点，情報処理推進機構 (IPA) が公開している「アジャイル型開発におけるプラクティス活用 リファレンスガイド」は，プラクティスをパターンとして記述されており，「解決したい問題」や「期待する効果」に注目してプラクティスを探すことが想定されている．

4　アジャイルとは？

　私は自分がアジャイルについて講義をする際には，「アジャイルとは，当り前のことを当り前に実施することだ」と言っている．ここでの当り前とは，常識や慣例という当り前ではない．むしろ逆のことであり，常識や慣例といったものに盲目的に従うのではなく，プロジェクトが成功するために当然するのが妥当なことを，適切に実施することである．これは決して簡単なことではない．しかし，工学としては扱いにくいテーマかもしれないが，盲目的に従わずに考えることこそが人間回帰であり，人間的に思考するエンジニアが

訳者あとがき

利用するからこそアジャイルのプラクティスは機能するのである．

時々，アジャイル開発を導入したがどうしたらよいか？という相談を受ける．そういった場合，「なぜ，アジャイルを導入したいのか？」と質問することにしている．プロダクトの品質を上げたい，ユーザに対する価値を高めたい，そういった目的がおそらくあるはずだ．そうでなければ，今の開発方法で問題はないだろう．流行りだからという場合もあるだろうが，その場合でも現在の方法では，将来的には，何かが不足してくるという危機感はあるはずだ．このような目的を持たずしてアジャイルを導入しても，成果を上げることは難しいだろう．

本章の冒頭で，「世の中で一番アジャイル開発に否定的な表現が多いアジャイルに関する本」と表現したが，それは，Meyer氏がアジャイルについて否定的ということではないと思う．私もプロセスとして形だけなぞった「なんちゃってアジャイル」を実践して，プロジェクトが混迷しているのを見たことがある．そして，開発方法論と認識されているため，本質を見落とすと簡単になんちゃってアジャイルになってしまうのである．その一方で，最近はアジャイルという言葉が浸透し，アジャイルを導入しなければならないというプレッシャーも強くなっているかもしれない．そんな中で，Meyer氏は適切にアジャイルを使えという警鐘を鳴らしているのだろう．この批判的なコメントを跳ね返す信念と目的を持って，アジャイルを実践してほしい．本書が多くの人のアジャイルの理解と実践に役立つことを期待する．

2018年11月

訳者を代表して　土肥拓生

参考文献

[1] Scrum alliance site at `scrumalliance.org`.

[2] Agile alliance. Velocity page at `guide.agilealliance.org/guide/velocity.html`.

[3] Agile manifesto. `agilemanifesto.org`.

[4] Collabnet scrum methodology site. at `scrummethodology.com`.

[5] Mozilla modules and module owners. at `www.mozilla.org/hacking/module-ownership.html`.

[6] *Software Engineering*, Garmisch, Germany, 7-11 October 1968. Report on a Conference Sponsored by the NATO Science Committee.

[7] Mars climate orbiter mishap investigation board phase i report, 10 November 1999. available at `bit.ly/0t7mJ8` (short for `ftp.hq.nasa.gov/pub/pao/reports/1999/MCO_report.pdf`). See also the CNN article at `bit.ly/d5lnla`.

[8] Jeff Surtherland. Scrum: The art of doing twice the work in half the time, 2013. tutorial notes.

[9] IEEE: Standard 830-1998. Recommended practice for software requirements specifications, 1998. available (for a fee) at `standards.ieee.org/findstds/standard/830-1998.html`.

[10] Scott W. Ambler. Agile modeling and the rational unified process (rup), 2001.

[11] Scott W. Ambler. The agile maturity model (AMM). *Dr. Dobbs Journal*, April 2010. available at `www.drdobbs.com/architecture-and-design/the-agile-maturity-model-amm/224201005`.

[12] Scott W. Ambler. Agile testing and quality strategies: Discipline over rhetoric, undated.

[13] Scott W. Ambler and Matthew Holitza. Agile for dummies, 2012. See also "IBM limited edition" available online at `www-01.ibm.com/software/rational/agile/agilesoftware`.

[14] Victor R. Basili and Albert J. Turner. Iterative enhancement: A practical technique for software development. *IEEE Transactions on Software Engineering*, Vol. SE-1, No. 4, pp. 390–396, December 1975. available at `www.cs.umd.edu/~basili/`

参考文献

publications/journals/J04.pdf.

[15] Kent Beck. *Extreme Programming Explained – Embrace Change*. Addison-Wesley, 2000. (First edition; see also [92].).

[16] Kent Beck. *Test-Driven Development – By Example*. Addison-Wesley, 2003.

[17] Barry W. Boehm. *Software Engineering Economics*. Prentice Hall, 1981.

[18] Barry W. Boehm and Richard Turner. *Balancing Agility and Discipline – A Guide for the Perplexed*. Addison-Wesley, 2004.

[19] Dino Mandrioli Carlo Ghezzi, Mehdi Jazayeri. *Fundamentals of Software Engineering. 2 Edition*. Prentice Hall, 2002.

[20] Alistair Cockburn. The cone of silence and related project management strategies, 2003. online article at `alistair.cockburn.us/The+cone+of+silence+and+related+project+management+strategies`.

[21] Alistair Cockburn. *Crystal Clear – A Human-Powered Methodology for Small Teams*. Addison-Wesley, 2005.

[22] Alistair Cockburn. Vid of alistair describing shu ha ri, 7 July 2010. video lecture.

[23] Alistair Cockburn and Jim Highsmith. Agile software development: The people factor. *Computer (IEEE)*, Vol. 34, No. 11, pp. 131–133, November 2001.

[24] Mike Cohn. The need for agile project management. online article at `www.mountaingoatsoftware.com/articles/the-need-for-agile-project-management`.

[25] Mike Cohn. Succeeding with agile site. `www.mountaingoatsoftware.com`.

[26] Mike Cohn. *Agile Estimating and Planning*. 2006.

[27] Mike Cohn. Intentional yet emergent, 4 December 2009. online article at `www.mountaingoatsoftware.com/blog/agile-design-intentional-yet-emergent`.

[28] Mike Cohn. The role of leaders on a self-organizing team, 7 January 2010. online article at `www.mountaingoatsoftware.com/blog/the-role-of-leaders-on-a-self-organizing-team`.

[29] Mike Cohn. Succeeding with agile, 2010.

[30] Roman Pichler Consulting. Scrum. site at `www.romanpichler.com`.

[31] Michael A. Cusumano and Richard W. Selby. *Microsoft Secrets: How the World's*

Most Powerful Software Company Creates Technology, Shapes Markets and Manages People. Simon and Schuster, 1995.

[32] Tom DeMarco. *Slack: Getting Past Burnout, Busywork and the Myth of Total Efficiency*. Dorset House, 2001.

[33] Tom DeMarco and Tim Lister. *Peopleware: Productive Projects and Teams (Second Edition)*. Dorset House, 1999. (First edition was published in 1987.).

[34] Steve Denning. The case against agile: Ten perennial management objections. In *Forbes magazine*. 17 April 2012. at `onforb.es/HQ8i6J`.

[35] Esther Derby. Misconceptions about self-organizing teams, 19 July 2011. online article at `www.estherderby.com/2011/07/misconceptions-about-self-organizing-teams-2.html`.

[36] Krishankumar Dhawan. Geste kopfschuetteln indien, 30 June 2008. (Indian head-nodding), YouTube video (in English).

[37] Edsger W. Dijkstra. Go to statement considered harmful. *Communications of the ACM*, Vol. 11, No. 3, pp. 147–148, March 1968.

[38] Ralph Johnson Erich Gamma, Richard Helm and John Vlissides. *Design Patterns: Elements of Reusable Object-Oriented Software*. Addison-Wesley, 1994.

[39] J. Laurens Eveleens and Chris Verhoef. The rise and fall of the chaos report figures. *IEEE Software*, Vol. 27, No. 1, pp. 30–36, Jan-Feb 2010. See also S. Aidane, The "Chaos Report" Myth Busters, 26 March 2010, `www.guerrillaprojectmanagement.com/the-chaos-report-myth-busters`, and [41].

[40] Martin Fowler. *Refactoring: Improving the design of existing code*. Addison Wesley, 1999.

[41] Robert L. Glass. The standish report: Does it really describe a software crisis? *Communications of the ACM*, Vol. 49, No. 8, pp. 15–16, August 2006.

[42] Jacques Hadamard. *Psychology of Invention in the Mathematical Field*. Princeton University Press, 1945.

[43] Watts S. Humphrey. *PSP: A Self-Improvement Process for Software Engineers*. Addison-Wesley, 2005.

[44] Ward Cunningham (interviewed by Bill Venners). The simplest thing that could possibly work. at `www.artima.com/intv/simplest.html`.

参考文献

[45] Michael Jackson. *Software Requirements and Specifications: A Lexicon of Practice, Principles and Prejudices.* Addison Wesley / ACM Press, 1995.

[46] Michael Jackson. *Problem Frames: : Analysing & Structuring Software Development Problems.* Addison-Wesley, 2000.

[47] Ivar Jacobson. *Object Oriented Software Engineering: A Use Case Driven Approach.* Addison-Wesley, 1992.

[48] Carsten Ruseng Jakobson Jeff Sutherland and Kent Johnson. Scrum and cmmi level 5: The magic potion for code warriors. In *in Proc. 41st Hawaii Int. Conf. on System Sciences*, 7-10 Jan. 2008. at `ieeexplore.ieee.org/xpls/abs_all.jsp?arnumber=4439172Ttag=1` (and `bit.ly/17LZE2R`).

[49] Ron Jeffries. Xprogramming. site at `xprogramming.com`.

[50] Henrik Kniberg and Mattias Skarin. *Kanban and Scrum – Making the Most of Both.* 2010.

[51] Philip Kraft. *Programmers and Managers: The Routinization of Computer Programming in the United States.* Springer Verlag, 1977.

[52] Craig Larman and Bas Vodde. *Practices for Scaling Lean & Agile Development: Large, Multisite, and Offshore Product Development with Large-Scale Scrum.* Addison-Wesley, 2010.

[53] Dean Leffingwell. *Agile Software Requirements – Lean Requirements Practices for Teams, Programs, and the Enterprise.* Addison-Wesley, 2011.

[54] Robyn Lutz. Analyzing software requirements errors in safety-critical, embedded systems. In *in ISRE 93 (Proc. Int. Symposium on Requirements Engineering)*. IEEE, 1993. also available at `www.cs.iastate.edu/%7Erlutz/publications/isre93.ps`.

[55] Mary and Tom Poppendieck. Lean software development. site `www.poppendieck.com`.

[56] Mary and Tom Poppendieck. *Lean Software Development – An Agile Toolkit.* Addison-Wesley, 2003.

[57] Mary and Tom Poppendieck. *Leading Lean Software Development.* Addison-Wesley, 2010.

[58] Pete McBreen. *Questioning Extreme Programming.* Pearson Education, 2002.

[59] Steve McConnell. *Software Estimation: Demystifying the Black Art.* Microsoft Press,

2006.

[60] Daniel D. McCracken and Michael A. Jackson. Life cycle concept considered harmful. *ACM SIGSOFT Software Engineering Notes*, Vol. 7, No. 2, pp. 29–32, April 1982.

[61] Bertrand Meyer. *Object Success: A Manager's Guide to Object Orientation, Its Impact on the Corporation and its Use for Reengineering the Software Process.* Prentice Hall, 1995.

[62] Bertrand Meyer. *Object-Oriented Software Construction.* Prentice Hall, second edition edition, 1997.

[63] Bertrand Meyer. *Touch of Class: Learning to Program Well, Using Objects and Contracts.* Springer-Verlag, 2009.

[64] Bertrand Meyer. A fundamental duality of software engineering, 14 October 2012. blog article at `bertrandmeyer.com/2012/10/14/a-fundamental-duality-of-software-engineering/`.

[65] Bertrand Meyer. What is wrong with cmmi, 12 May 2013. blog article at `bertrandmeyer.com/2013/05/12/what-is-wrong-with-cmmi/`.

[66] Bertrand Meyer, Ilinca Ciupa, Andreas Leitner, Arno Fiva, Yi Wei, and Emmanuel Stapf. Programs that test themselves. *IEEE Computer*, Vol. 42, No. 9, pp. 46–55, September 2009. available at `se.ethz.ch/~meyer/publications/computer/test_themselves.pdf`.

[67] Harlan D. Mills. Chief programmer teams, principles, and procedures. Technical Report FSC71-5108, Gaithersburg, 1971.

[68] Nitin Mittal. Self-organizing teams: What and how, 7 January 2013. at `scrumalliance.org/articles/466-selforganizing-teams-what-and-how`.

[69] Matthias Müller. Two controlled experiments concerning the comparison of pair programming to peer review. *Journal of Systems and Software*, pp. 166–179, 2005.

[70] Jerzy Nawrocki and Adam Wojciechowski. Experimental evaluation of pair programming. In *European Software Control and Metrics (Escom)*, pp. 269–276, April 2001.

[71] Ikujiro Nonaka and Hirotaka Takeuchi. *The Knowledge-Creating Company: How Japanese Companies Create the Dynamics of Innovation.* Oxford University Press, 1995.

参考文献

[72] David L. Parnas and Paul C. Clements. A rational design process: How and why to fake it. *IEEE Transactions on Software Engineering*, Vol. 12, No. 2, pp. 251–257, February 1986. available at y.web.umkc.edu/yzheng/classes/doc/IEEE86_Parnas_Clement.pdf.

[73] Shari Lawrence Pfleeger and Joanne M. Atlee. *Software Engineering: Theory and Practice*. Prentice Hall, 4 edition edition, 2009.

[74] May Poppendieck. *Lean Programming*. Dr Dobb's, two-part article, 1 May and 1 June 2001. at www.drdobbs.com/lean-programming/184414734 and www.drdobbs.com/lean-programming/184414744.

[75] Jack W. Reeves. What is software design? *C++ Journal*, Fall 1992. available with two complementary essays (2005) at www.developerdotstar.com/mag/articles/reeves_design.html.

[76] Ann Anderson Ron Jeffries and Chet Hendrickson. *Extreme Programming Installed*. Addison-Wesley, 2001.

[77] Winston D. Royce. Managing the development of large software systems. In *in Proc. IEEE WESCON*, pp. 1–9, 1970. at www.cs.umd.edu/class/spring2003/cmsc838p/Process/waterfall.pdf.

[78] Ken Schwaber. *Agile Project Management with Scrum*. Microsoft Press, 2004.

[79] Ken Schwaber. *Managing Agile Projects*. Addison-Wesley, 2004.

[80] Ken Schwaber and Mide Beedle. *Agile Software Development with Scrum*. Prentice Hall, 2002.

[81] Ken Schwaber and Jeff Sutherland. *Software in 30 Days: How Agile Managers Beat the Odds, Delight Their Customers, And Leave Competitors In the Dust*. Wiley, 2012.

[82] Thomas Schweigert, Risto Nevalainen, Detlef Vohwinkel, Morten Korsaa, and Miklos Biro. Agile maturity model: Oxymoron or the next level of understanding software process improvement and capability determination (spice). *Communications in Computer and Information Science*, Vol. 290, pp. 289–294, 2012. at link.springer.com/chapter/10.1007%2F978-3-642-30439-2_34.

[83] James Scrimshire. Hurricane four. site hurricanefour.com.

[84] Dava Sobel. *Longitude: The True Story of a Lone Genius Who Solved the Greatest Scientific Problem of His Time*. Walker, 2007.

[85] IBM sponsored study by Project At Work. Agile maturity report, 2012. available online at `www-01.ibm.com/software/rational/agile/agilesoftware`.

[86] Matt Stephens and Doug Rosenberg. *Extreme Programming Refactored: The Case Against XP*. Apress, 2003.

[87] James Surowiecki. *The Wisdom of Crowds: Why the Many Are Smarter Than the Few and How Collective Wisdom Shapes Business, Economies, Societies and Nations*. Knopf Doubleday, 2004.

[88] James Surowiecki. Requiem for a dreamliner, in the new yorker, 4 February 2013. available at `www.newyorker.com/talk/financial/2013/02/04/130204ta_talk_surowiecki`.

[89] Jeff Sutherland. Self-organization: The secret sauce for improving your scrum team. video at `www.youtube.com/watch?v=M1q6b9JI2Wc`.

[90] CMMI Product Team. Cmmi for development, version 1.3, improving processes for developing better products and services. Technical Report CMU/SEI-2010-TR-033, Software Engineering Institute, November 2010. available at `www.sei.cmu.edu/reports/10tr033.pdf`.

[91] Niklaus Wirth. A plea for lean software. *IEEE Computer*, Vol. 28, No. 2, pp. 64–68, February 1995.

[92] Kent Beck with Cynthia Andres. *Extreme Programming Explained – Embrace Change*. Addison-Wesley, 2005. (Second edition; see also [15].).

[93] Steve Yegge. Good agile, bad agile, 27 September 2006. blog article.

[94] Ed Yourdon. *Death March*. Prentice Hall, 2003. 2nd edition.

[95] Pamela Zave. Feature interaction faq.

[96] Pamela Zave and Michael Jackson. Four dark corners of requirements engineering, January 1997.

索　引

CMMI, 64, 110, 146, 209

あ　行

朝会, 11, 135

アジャイル

　　原則, 3, 72

　　成果物, 72, 132, 144

　　設計, 5, 13, 30, 53, 86, 163, 200

　　プラクティス, 3, 11, 38, 72, 125, 175, 188, 198

　　役割, 3, 79, 198

　　要求, 5, 17, 24, 47, 134, 176, 206, 220

エクストリームプログラミング/XP, xii, 2, 48, 78, 84, 123, 138, 154, 174, 198, 202, 223, 230

オンサイト顧客, 141, 222

か　行

カンバン, 202

完了の定義, 174

機能横断的, 121, 150

クリスタル, ix, 143, 186, 198, 208, 226

計画ゲーム, 138

継続的インテグレーション, x, 11, 154, 205

コーディング規約, 162

コードの共同所有, 150

顧客, 4, 29, 49, 73, 96, 118, 133

さ　行

スクラム/Scrum, ix, 2, 31, 46, 62, 78, 118, 132, 154, 183, 198, 206, 216, 223, 230

ストーリーカード, 15, 174, 188

ストーリーポイント, 174

ストーリーボード, 15, 174

スプリントバックログ, 132, 187

成果物, 51, 88

た　行

タスクボード, 16, 189, 202, 207, 227

デイリービルド, 20, 105, 154

テスト駆動開発, 169

テストファースト, 9, 72, 112, 169, 223

閉じられた窓のルール, 99, 133, 206, 227

な　行

二重開発, 40, 108

は　行

バーンアップチャート, 190

バーンダウンチャート, 15, 174, 190, 207

索　引

バグ, 26, 65, 91, 149, 175, 200
プラクティス, 62
プロダクトバックログ, 119, 174, 187
ペアプログラミング, 157
ベロシティ, 174

ま　行

モブプログラミング, 160

や　行

ユーザストーリー, 174

ら　行

リファクタリング, 163

シリーズ監修者

本位田 真一（ほんいでん しんいち）

1978 年	早稲田大学大学院 理工学研究科博士前期課程 修了
1978 年	株式会社 東芝
2000 年	国立情報学研究所 教授・東京大学大学院情報理工学研究科 教授
2018 年	早稲田大学理工学術院 教授

監修者・訳者紹介（※は監修者）

石川 冬樹（いしかわ ふゆき）（※）

2007 年　東京大学大学院 情報理工学系研究科博士課程 修了　博士（情報理工学）
現　在　国立情報学研究所 アーキテクチャ科学研究系 准教授・電気通信大学大学院情報学専攻 客員准教授

形式手法を主としたソフトウェア工学，およびサービスコンピューティングの研究に従事．

土肥 拓生（どい たくお）

2008 年　東京大学大学院 情報理工学系研究科博士課程 単位取得の上退学
2016 年　電気通信大学大学院 情報システム学研究科博士課程 修了　博士（工学）
現　在　ライフマティックス株式会社 執行役員 CTO ／ 国立情報学研究所 特任准教授

トップエスイープロジェクトを始めとして、アジャイル開発の教育に従事

前澤 悠太（まえざわ ゆうた）

2015 年　東京大学大学院 情報理工学系研究科博士課程 修了　博士（情報理工学）
2015 年　国立情報学研究所 特任助教
現　在　株式会社 Udzuki 代表取締役

ソフトウェアテスト・デバッグの自動化に関する研究に従事

末永 俊一郎（すえなが しゅんいちろう）

1999 年　東北大学大学院 理学研究科地球物理学専攻 修了
1999 年　株式会社 東芝
現　在　ライフマティックス株式会社 代表取締役社長　博士（情報学）

トップエスイー入門講座 2
アジャイルイントロダクション
Agile 開発の光と影

© 2018 Takuo Doi, Yuta Maezawa,
　　　 Shunichiro Suenaga

Printed in Japan

2018 年 12 月 31 日　　初版発行

著　者	Bertrand Meyer
監修者	石　川　冬　樹
訳　者	土　肥　拓　生
	前　澤　悠　太
	末　永　俊一郎
発行者	井　芹　昌　信
発行所	株式会社 近代科学社

〒162-0843　東京都新宿区市谷田町 2-7-15
電話 03-3260-6161　　振替 00160-5-7625
http://www.kindaikagaku.co.jp

加藤文明社　　ISBN978-4-7649-0510-8
　　　　　　　定価はカバーに表示してあります．